老闆，好想做二休五！

天氣好的時候不想上班 —— 應該出去玩！
天氣不好的時候更不想上班 —— 應該在家躺！

好想做二休五！

目錄

目錄

第五章

快樂工作源於積極心態

第六章

別讓不良的工作心態害了你

目錄 ————————————

前言

心態決定命運，心態是我們真正的主人，它能使我們成功，也能使我們失敗。同一件事由兩種不同心態的人去做，其結果必然相反。不要因為我們的心態而使我們自己成為一個失敗者。要知道，成功永遠屬於那些抱有積極心態並付諸行動的人。

在職場中，那些習慣抱怨工作的人，往往不會獲得真正的成功。其實，要看一個人做事的好壞，只要看他工作時的精神和態度。如果某人做事的時候感到所做的工作困難重重，勞碌辛苦，沒有任何趣味可言，那麼他絕不會做出偉大的成就。

一個人對工作所具有的態度，和他本人的性情、做事的才能，有著密切的關係。一個人所做的工作，就是他人生的部分表現。而一生的職業，就是他志向的展現、理想的所在。所以，了解一個人的工作，在一定程度上就是了解那個人。

如果一個人輕視他自己的工作，而且做得很粗陋，那麼他絕不會尊敬自己。如果一個人認為他的工作辛苦、煩悶，那麼他的工作絕不會做好，這一工作也無法發揮他內

前言

在的特長。在社會上，有許多人不尊重自己的工作，不把自己的工作看成創造事業的要素，發展人格的工具，而視為衣食住行的供給者，認為工作是生活的代價、是不可避免的勞碌。這是一種錯誤的觀念。

人往往就是在克服困難的過程中，產生了勇氣、堅毅和高尚的品格。常常抱怨工作的人，終其一生，絕不會有真正的成功。抱怨和推諉，其實是懦弱的自白。

不管你的工作是怎樣的卑微，你都當付之以藝術家的精神，抱有十二分的熱忱。這樣，你就可以從平庸卑微的境況中解脫出來，不再有勞碌辛苦的感覺，使你的工作成為樂趣，厭惡的感覺也自然會煙消雲散。

一個人工作時，如果能以積極的心態，火焰般的熱忱，充分發揮自己的特長，那麼不論所做的工作怎樣，都不會覺得工作辛苦；相反，如果以消極的心態，冷淡的態度去工作，那麼即使是做最高尚的工作，也難逃平庸一生的命運。

美國成功學院對 1,000 名世界知名成功人士的研究結果顯示：一個人的成功，85％取決於積極的心態。這個研究結果告訴我們，積極心態已經成為當今時代獲取成功的關鍵因素，它同樣是個人決勝於職場的核心競爭力，一個

員工，如果能擺正心態工作，那麼，他必將在殘酷的職場
競爭中立於不敗之地。

前言

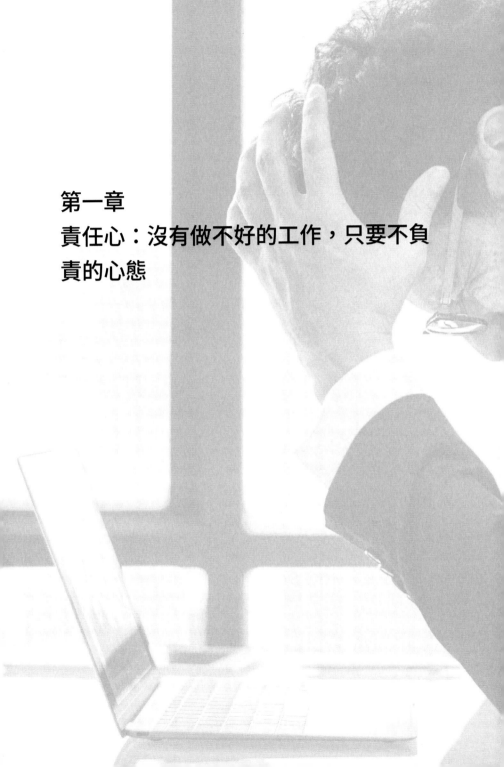

第一章
責任心:沒有做不好的工作,只要不負責的心態

＝是缺乏能力還是缺乏責任心？

　　在現實工作中，人們常常會把企業的失敗歸咎於戰略決策的失誤，但在大多數情況下，戰略本身並不是主要原因，導致企業失敗的根本原因還是責任沒有得到落實。因為，沒有落實，再正確的戰略也等於零；沒有落實，再好的文件也是一紙空文；沒有落實，再理想的目標也無法實現；沒有落實，再正確的政策也不會發揮其應有的作用。

　　落實責任是企業最關鍵的流程，承擔責任則是企業中每一個人最重要的使命。因此，員工的核心任務就是把責任落實，落實，再落實。那麼，如何使每個員工的責任都得到有效的落實呢？某位著名企業家說：「責任被賦予了具體的崗位或者職務，但責任是由具體的崗位或職務上的人來承擔。因此，落實責任的能力，就成了衡量企業人才的標準，稱之為『責任能力』。」

　　「責任能力」包括兩個方面：落實任務的能力和責任心，兩者相輔相成，缺少任何一個，都可能導致悲劇的發生。有些企業要人才有人才，要產品有產品，要技術有技術，但就是缺乏責任心，結果坑了別人，也害了自己。

　　某位年僅33歲的電視臺主持人小華因為一場「意外」

事故，失去了寶貴的生命。

那一天，小華與朋友相約在臺北某餐廳吃飯，並訂了二樓的一個包廂。這家餐廳小有特色，生意極好，但一切都隨著一場事故發生了改變。原來，小華所訂的這個包廂緊臨消防通道。當時，小華為了接電話來到消防通道門旁，並推門進去，不料尚未完工的消防通道內不僅沒有燈，還沒有欄杆，小華走了一步之後就從二樓直接摔到了一樓。更令人不解的是，小華墜樓一個小時後，才被一個走錯道的送材料工人發現。

慘劇發生後，這扇通往消防通道的門才被人用鐵鍊鎖鎖上，在門上貼了一張白紙，上面寫著「消防通道，非緊急情況禁止通行」。可惜這一切都無法挽回小華意外失去的生命了。

倘若餐廳的工作人員稍稍有些責任心，便會採取一些措施去避免此類事件發生，如白天施工結束後在門上加把鎖，或者是在通道內裝上燈並設置簡單的警示標誌。然而，這家餐廳就是因為缺乏責任心而留下了責任空白，而這份責任空白的填補卻是以生命為代價。試問，一家餐廳如果不能將責任落實到位，保護顧客的生命安全，哪怕它經營得再有特色，又有誰敢去消費呢？

同樣，一家企業如果喪失責任心，經常丟失客戶貨物，洩露客戶資料，甚至少發貨、收錯訂單，又有誰敢跟它合作呢？說一家缺乏責任心的企業能有多強大的執行力與競爭力，本身便是一件荒誕不經的事情。

企業如此，員工也是這樣。有些人能力不凡，但缺乏責任意識，對什麼事情都一副滿不在乎的樣子，結果能力越強，對企業的危害也越大。他們就像馬謖一樣只知誇誇其談，最後害人害己。

一個人有能力、沒責任心不行，那麼有責任心、沒能力可不可以呢？其答案是一樣的。前者就像一輛馬力十足，卻沒有方向感的汽車一樣，只會亂闖亂撞，造成極大的安全隱患，後者則像一輛方向盤靈活，卻動力不足的汽車，雖有心向前，卻只能像蝸牛一樣緩慢行進。這樣的員工雖然不會給企業造成損失，但對企業益處不大，同樣要面臨被淘汰的悲慘命運。

在某個鐘錶廠，有一位工作非常賣力、很有責任感的工人，他的任務就是在生產線上幫手錶裝配零件。這一做就是 10 年，操作非常嫻熟，而且很少出差錯，幾乎每年的優秀員工獎都屬於他。

可是後來，企業新上了一套完全由電腦操作的自動化

生產線，許多工作都改由機器來完成，結果這個工人失去了工作。原來，他本來就沒有讀過多少書，在這 10 年中又沒有掌握其他技術，對於電腦更是一竅不通，使用電腦操作系統以後，他一下子從優秀員工變成了多餘的人。

在他離開工廠的時候，廠長先是對他多年的工作態度讚揚了一番，然後誠懇地對他說：「其實引進新設備的計劃我在幾年前就告訴你們了，目的就是想讓你們有時間準備，去學習一下新技術和新設備的操作方法。你看和你做同樣工作的小胡不僅自學了電腦，還找了新設備的說明書來研究，現在他已經是工廠主任了。我並不是沒有給你準備的時間和機會，是你不懂得珍惜。」

比起那些有能力、沒責任心的人來說，這名老工人的失敗更像一齣悲劇。他兢兢業業、盡心盡力，但忘了時代會變，而一個人的能力有限，只有不斷地學習，才能做到與時俱進。企業不僅需要願意對它負責的員工，還需要能夠對它負責的員工。對於那些有心卻無力的員工，企業哪怕再感到惋惜，也只能將他們拒之門外，畢竟企業有自己的經營模式，而不是養老院一類的慈善機構。

一切工作任務都需要透過具體的人、具體的崗位來展現，所以，要想把任務落實好，就需要既有能力又有責任

心的人。一個國中畢業的、流水線上的員工能保質保量地完成任務，那他就是企業所需的人才；一個博士生如果只記得發揮自己的個性與才華，卻忽略了自己應有的責任心，那麼，對於企業來說，他就是個「破壞者」。企業不需要沒能力的員工，也不需要有能力、沒責任心的人！

＝ 責任心讓你成為老闆心中無法替代的人 ＝

展示能力的最佳方式就是以正確的心態做出最出色的工作。如果能夠找出更有效率、更好的行事方法，你就能夠提升自己在企業中的價值。

有這樣一個故事。

兩匹馬各自拉著一輛木車。前面的那匹馬走得很正常，但後面的那匹馬卻經常停下來，東看看西望望，顯得一點都不認真。

因此，主人就將後面木車上的東西搬到前面那輛車上去了。後面木車上的貨物都挪空之後，後面的馬便輕快地上前去，對前面的馬說：「你愈拚命做，人家愈要折磨你，真是個自討苦吃的傻瓜！」

當主人到達目的地後，就自言自語地說：「既然只用一匹馬就能拉車，我為什麼還要養兩匹馬呢？還不如好

好地餵養一匹馬，將另外一匹宰了，總還能得到一張皮吧？」

就這樣，主人殺掉了那匹懶馬。想想看，如果將馬換成人，老闆雖然不會殺掉不合格的員工，可他會將他開除。而剩下的那匹馬，好像表現得是「自討苦吃」，但卻變成了主人不可替代的拉車馬匹。

塞內卡（Lucius Annaeus Seneca）曾經說過：「只有少數人以理性指導生活。其他人則像湍流中的泳者，他們不確定自己的航程，只是隨波逐流。」美國著名的建築大師萊特（Frank Lloyd Wright），在他一生的眾多作品裡，最傑出和膾炙人口的可能要數位於日本東京的帝國飯店。這座建築物讓他躋身當代世界一流建築師之列。1916 年，日本的小倉公爵帶領一批隨從去美國聘請萊特建造一座抗震的建築。之後，萊特隨團去了日本，對種種問題做了一番實地考察。最後，他發現日本的地震是繼劇震而來的波狀運動，因此他判斷很多建築物倒塌的原因，其實是由於地基過深、過厚。這種過深、過厚的地基會隨著地殼移動，建築物也因此而倒塌。於是他決定將地基築得更淺，讓它浮在泥海上面，從而讓地震無從肆虐。

於是，萊特決定盡可能利用那層只有 8 英尺深的土

壤。他所設計的地基都是由很多水泥柱組成的，柱子穿透土壤棲息在泥海上面，不過這種地基到底能否支撐這麼大的一座建築物呢？萊特花了整整一年的時間在地面遍擊洞孔來做實驗。他將長度為 8 英尺、直徑為 8 英寸的竹竿插入土中，接著馬上快速抽出，防止地下水冒出來，接著灌進水泥，他在這種水泥柱上鑄鐵，測試它能夠擔起的重量。結果非常驚人，依據帝國飯店的預計總重量，他計算出了地基所需的水泥柱數，在弄清了各種數據之後，大廈開始動工了。

帝國飯店於 1920 年正式竣工，萊特回到了美國。3 年過去了，一次舉世震驚的大地震突然侵襲東京和橫濱。當時，萊特正在洛杉磯建造一批水泥住宅，聽到這個消息以後開始有些坐立不安，一直等待著有關帝國飯店的消息。

過了好幾天，也沒有任何消息，突然一天凌晨 3 點，在萊特所住的賓館中，一陣急促的電話鈴聲驚醒了他。

「喂，你是萊特先生嗎？」聽筒內傳來一陣讓人沮喪的聲音，「我是洛杉磯檢驗報的記者，我們收到消息說，帝國飯店已經被地震震塌了。」

幾秒之後，萊特堅定地說：「如果你將這個消息傳播出去，你一定會聲明更正的。」

又過了 10 天，小倉公爵發來了一封電報：「帝國飯店一切完好，從此成為閣下傑出的代表作。」在整個災區中，帝國飯店竟然是唯一沒有遭受損害的建築物！

一瞬間，小倉公爵的賀電傳遍了全世界，萊特成為人人皆知的世界知名建築師。可以說，一個人在工作時所具有的負責精神，不僅對工作的效率，而且對於他自己的品格，都有著重要的影響。工作不只展現了一個人的人格，也展現了他的興趣和理想，只要看到了一個人所做的工作，就猶如見到了他本人一樣。

葛麗絲・霍普（Grace Hopper）就是一個最好的例子。在以前，電腦程式代碼只能夠用數字或二進位碼來編寫，這讓寫碼與改錯都十分困難、乏味。而霍普的工作讓電腦編程發生了改變。她懷疑代碼為何一定要是數字，由此提出了一套截然不同的方案。

儘管大家都認為她瘋了，覺得這不可能行得通，可她還是堅持著。後來，她發明了計算機編程語言 COBOL，終於將那些眾多數字變成了英文單詞。這是一個極為驚人的突破，也讓她成為了第一個獲得《計算機科學》年度獎的女性。

沒有任何人指派霍普做這些事，這也不在她的工作範

圍內，可她就是做了，並取得了傲人的成績。她的努力不但為了全世界，也為她自己帶來了巨大的收穫。在工作中實現了自己的價值，也將自己變成了這個領域中不可替代的人。

　　不管現在你在做什麼工作，每天都為自己找到一個機會吧！讓你能夠在日常的工作範圍以外，為別人提供一些有價值的服務。

　　一個人付出的比預期的多時，就會引起人們的關注，也更有可能得到意料之外的收穫。比如，當你去一家飯店用餐時，什麼樣的服務生會得到較多的小費？是那個只記下你點的菜並給你端上來的服務生，還是那個根據你的飲食口味給你指出適合你的菜的服務生？很顯然，因為後者讓你能夠更好地享受用餐的樂趣，所以會得到更慷慨的小費。

　　出色的人才總是被社會所需要。你展示能力的最佳方式就是以正確的心態做出最出色的工作。要是你能夠找出更有效率、更好的行事方法，你就能夠提升自己在企業中的價值。老闆會邀請你參與企業決策會議，你將會被提拔到更高的職位，因為你已經成為一位不可替代的關鍵人物了。

═ 記住，這是你的工作 ═══════

　　美國獨立企業聯盟主席傑克曾對人說起少年時的一段經歷。傑克 13 歲時，他開始在他父母的加油站工作。那個加油站裡有三個加油泵、兩條修車地溝和一間打蠟房。傑克想學修車，但他父親讓他在前臺接待顧客。

　　當有汽車開進來時，傑克必須在車子停穩前就站到車門前，然後檢查油量、蓄電池、傳動帶、膠皮管和水箱。傑克注意到，如果服務得好的話，顧客大多還會再來。於是，傑克總是多做一些，幫助顧客擦去車身、擋風玻璃和車燈上的汙漬。

　　有段時間，每週都有一位老太太開著她的車來清洗和打蠟，這個車的車內地板凹陷極深，很難打掃。而且，與這位老大太極難打交道，每次當傑克為她把車準備好時，她都要再仔細檢查一遍，讓傑克重新打掃，直到清除完每一縷棉絨和灰塵她才滿意。

　　有一次，傑克實在忍受不了了，他不願意再伺候她了。傑克回憶道，他的父親告誡他說：「孩子，記住，這就是你的工作！不管顧客說什麼或做什麼，你都要做好你的工作，並以應有的禮貌去對待顧客。」

第一章　責任心：沒有做不好的工作，只要不負責的心態

　　父親的話讓傑克深受震動，傑克說道：「正是在加油站的工作使我學習到了嚴格的職業道德和應該如何對待顧客，這些東西在我以後的職業生涯中發揮了非常重要的作用。」對那些不能最大限度地滿足顧客的要求，不想盡力超出客戶預期提供服務的人；對那些沒有熱情，總是推卸責任，不知道自我批判的人；對那些不能優秀地完成上級交付的任務，不能按期完成自己的本職工作的人；對那些總是挑三揀四，對自己的老闆、工作、公司這不滿意、那不滿意的人，最好的救治良藥就是端正他的坐姿，然後面對他大聲而堅定地告訴他：「記住，這就是你的工作！」

　　是的，既然你從事了這一職業，選擇了這一崗位，就必須接受它的全部，就算是屈辱和責罵，那也是這項工作的一部分，而不是僅僅只享受它給你帶來的益處和快樂。

　　面對你的職業，你的工作崗位，請時時記住，這就是你的工作！無時無刻不要忘記工作賦予你的榮譽，不要忘記你的責任，也不要忘記你的使命。鮑勃爾是美國一家電氣公司的市場總監，他曾講述自己剛剛從事營銷工作時的感人經歷。

　　鮑勃爾原本是公司的生產工人，1992 年的時候，他主動請纓，申請加 A 營銷行列。當時公司正在招聘營銷人

員，經理便同意了，而且各項測試顯示他也適合從事營銷工作。

那時，公司還很小，只有三十多個人，面臨許多要開發的市場，而公司卻沒有足夠的財力和人力。因此，鮑勃爾隻身一人被派往西部一個市場，其他市場也只派出一個人。在這個城市裡，鮑勃爾一個人也不認識，吃住都成問題，但心中對企業的忠誠以及對工作機會的珍惜使他絲毫沒有退縮。沒有錢搭車，他就步行，一家一家拜訪，向他們介紹公司的電器產品。他經常為了等一個約好見面的人而顧不上吃飯，因此落下了胃病。他住的地方是一家人閒置的車庫，由於只有一扇捲簾門，而且沒有電燈。晚上門一關，屋子裡就沒有一絲光線，反倒有老鼠成群結隊地「載歌載舞」。那個城市的春天多有沙塵暴，夏天經常下冰雹，冬天則經常下雨，對於一個物質貧乏的推銷員，這樣的氣候無疑是沉重的考驗，有一回，鮑勃爾差點被冰雹擊暈。公司的條件差到超乎鮑勃爾的想像，有一段時間，連產品宣傳資料都供不上，鮑勃爾只好買來複印紙，自己用手寫宣傳資料，好在他寫得一手好字。

在這樣艱難的條件下，人不動搖是不可能的。但每次動搖時，鮑勃爾都對自己說：「這是我的工作，我不能拋

棄它。」一年後，派往各地的營銷人員回到公司。當然，其中有六成人員早已不堪工作艱辛而悄無聲息地離職了。鮑勃爾的成績竟然是最好的！

　　最好的員工自然得到最好的回報，三年後，鮑勃爾被任命為市場總監，這時，公司已經是一個幾萬人的大型企業了。美國前教育部長威廉·貝內特（William J.Bennett）曾說：「工作是需要我們用生命去做的事。」對於工作，我們應該懷著感激和敬畏的心情，盡自己最大的努力，把它做到完美。當我們在工作中遇到困難時，當我們試圖以種種藉口來為自己開脫時，讓這句話來喚醒你沉睡的意識吧：記住，這是你的工作！

＝勇於承擔責任，才能最大限度展現自身價值＝

　　對於承認錯誤和擔負責任，員工往往懷有恐懼感。因為承認錯誤、擔負責任往往會與接受懲罰相連繫。有些不負責的員工在出現問題時，首先把問題歸罪於外界或者他人，總是尋找各式各樣的理由和藉口來為自己開脫。從老闆的角度看，這些都是無理的藉口，並不能掩蓋已經出現的問題，也不會減輕要承擔的責任，更不會讓你把責任推掉。

　　勇於承擔責任的員工，會把自己所從事的工作當成生命中的一項最偉大的事業來做，即使他們遇到各種各樣的困難，也能以高度負責的態度，為工作付出全部的努力，並能從中尋找到人生的樂趣。

　　蜜蜂的天職是採集花粉釀蜜，貓的天職是抓捕老鼠，而狗的天職則是保護主人的家園。人同樣有著自己的神聖職責，那就是透過工作來實現個人的價值、完成人生的使命。毫不誇張地說，不忠於職守的人不可能有任何作為，更不可能受重用；只有勇於承擔責任的人，才能夠出類拔萃，成就輝煌的事業。

　　一天，203 號公車司機何國強在行車途中突發腦溢血，當時他的眼前一片眩暈。此時，車正行駛在繁華的市區，且正值上下班高峰。就在那一剎那，他在生命的最後時刻以頑強的毅力做了三個動作：一是把公車緩緩地停在路邊，並用最後的力氣拉下手動剎車；二是把車門打開，讓乘客安全下車；三是將發動機熄火，確保了車輛、乘客和行人的安全。做完這三件事後，他就安詳地趴在方向盤上停止了呼吸。這就是一位平凡的公車司機用生命對「責任」所作的詮釋。自然萬物都有自己的責任，花有果的責任，雲有雨的責任，太陽有光明的責任，而我們每個人，

也都應擔負著各自的責任。身為父母就要精心養育自己的兒女，這是責任；身為教師就要解惑授業，這是責任；身為醫生就要救死扶傷，這就是責任；身為軍人就要保家衛國，這也是責任。而身為一名員工，認真做好本職工作，一切為企業利益著想，一切為企業發展服務，就是我們的責任。

一滴水可以折射出整個太陽的光輝，一件小事可以看出一個人內心的世界。要想知道一名員工對企業或組織有沒有責任感，並不需要用大是大非的問題來考驗，透過一些細微的小事，也同樣可以得到合理的答案。約翰和戴維是新到速遞公司的兩名職員。他們倆是工作搭檔，工作一直都很認真，也很賣力。老闆對這兩名新員工很滿意，然而一件事卻改變了兩個人的命運。

一次，約翰和戴維負責把一件大宗郵件送到碼頭。這個郵件很貴重，是一個古董，老闆反覆叮囑他們要小心。

沒想到，送貨車開到半路卻壞了。

戴維說：「怎麼辦，你出門之前怎麼不把車檢查一下，如果不按規定時間送到，我們要被扣獎金的。」

約翰說：「我的力氣大，我來背吧，距離碼頭也沒有多遠了。而且這條路上的車很少，等車修好，船就開走了。」

「那好，你背吧，你比我強壯。」戴維說。

約翰背起郵件，一路小跑，終於按照規定的時間趕到了碼頭。這時，戴維說：「我來背，你去叫貨主。」他心裡暗想，如果客戶能把這件事告訴老闆，說不定還會給我加薪呢！他只顧想，當約翰把郵件遞給他的時候，他卻沒接住，郵包掉在了地上，「嘩啦」一聲，古董碎了。

「你怎麼搞的，我沒接你就放手。」戴維大喊。

「你明明伸出手了，我遞給你，是你沒接住。」約翰辯解道。

約翰和戴維都知道，古董打碎了意味著什麼。沒了工作不說，可能還要背負著沉重的債務。果然，老闆給予他們兩個嚴厲的批評。

「老闆，不是我的錯，是約翰不小心弄壞的。」戴維趁著約翰不注意，偷偷來到老闆的辦公室，對老闆說。老闆平靜地說：「謝謝你，戴維，我知道了。」

隨後，老闆把約翰叫到了辦公室。

「約翰，到底怎麼回事？」

約翰就把事情的原委告訴了老闆，最後約翰說：「這件事情是我們的失職，我願意承擔責任。另外，戴維的家境不太好，如果可能的話，他的責任我也來承擔。我一定

會彌補上我們的損失的。」

　　約翰和戴維一直等待處理的結果，但是結果很出乎他們倆的意料。

　　老闆把約翰和戴維叫到了辦公室。老闆對他倆說：「公司一直對你兩個很器重，想從你們當中選擇一個人擔任客戶部經理，沒想到卻出了這樣一件事情，不過也好，這會讓我們更清楚哪一個人是合適的人選。」

　　戴維暗喜：「一定是我了」。

　　「我們決定請約翰擔任公司的客戶部經理，因為，一個能夠勇於承擔責任的人是值得信任的。約翰，用你賺的錢來償還客戶。戴維，你自己想辦法償還給客戶，對了，你明天不用來上班了。」

　　「老闆，為什麼？」戴維問。

　　「其實，古董的主人已經看見了你們在遞接古董時的動作，他跟我說了他看見的事實。還有，我也看到了問題出現後你們兩個人的反應。」老闆最後說。任何一個老闆都清楚，能夠勇於承擔責任的員工，能夠真正負責任的員工對於企業的意義。問題出現後，推諉責任或者找藉口，都不能掩飾一個人責任感的匱乏。如果你想這麼做，那麼，可以坦率地說，這種藉口沒有什麼作用，而且會讓你

的責任感更為缺乏。

軟體業的巨無霸微軟公司非常重視員工的責任心。他們在招聘員工時，會提一些問題來考察應聘者是不是具有責任心。微軟前董事長比爾蓋茲就經常說：「人可以不偉大，但不可以沒有責任心。」事實上，幾乎所有的知名企業在招聘員工時，都會要求員工「工作責任心強」，把有沒有責任心當做招聘員工的一個重要考核標準。

比爾蓋茲認為，對工作認真負責，是每位員工的應有品德，不論你在什麼工作崗位上，即使職位再渺小、工作再平凡，也伴有不可推卸的責任。他表示，對任何一個人來說，唯有具備高度的責任感，才能夠在工作中勇敢地擔當起自己的責任，在每個工作環節中都會努力做到盡善盡美，保質保量地按時完成上級布置的任務。因此，微軟公司一直以來都十分看重培養員工的責任感，並將其當成微軟公司選擇人才的重要標準。微軟公司正是基於這種做法，加強了公司員工的責任心，成就了聲名遠播、富可敵國的微軟商業帝國。

責任不會因為職位的渺小而變得無關緊要，更不會由於受到權力的影響而躲藏起來。在責任面前，每個人都是平等的。只要是你的責任，你就必須勇敢地承擔起來。在

執行任務的過程中，你是勇於承擔責任？還是借坡下驢，將本來應該你擔當的責任推給他人，而不管造成多麼嚴重的後果？要知道，唯有勇敢地承擔責任，一項戰略或者計劃才會得到切實執行，並獲得滿意的結果。而一旦拋棄了責任，就算再好的戰略，也會由於執行力不夠而最終失敗，或導致無法收拾的殘局。

讓我們翻翻歷史，看看那些事業成功的人物，沒有哪個不具備勇於於承擔責任的品格。身為歷史上一位偉大的人物，華盛頓就是例證。華盛頓年幼時，有一天他用斧頭砍倒了自家院中的一棵櫻桃樹。這棵樹是他父親花了很多錢從英國買回來的，當父親知道櫻桃樹被砍了以後非常生氣，說一定要嚴懲砍樹的人。全家人都很害怕，此時，華盛頓勇敢地站出來，主動承認是自己砍的樹。

所有人都認為他肯定會受到嚴懲，誰知老華盛頓見兒子如此誠實地承擔責任，不僅沒有懲罰他，反而激動地抱起他來，由衷地讚賞說：「你的行為已經遠遠超過了一千棵櫻桃樹！」

果然，長大之後的華盛頓始終以強烈的責任感來約束與激勵自己，成為了一位具有高尚品德的人，為美國獨立做出了巨大的貢獻，並成為美國首任總統。任何一個人，

勇於承擔責任，才能最大限度展現自身價值

若想在事業上有所建樹，都應像華盛頓等偉大人物一樣，樹立勇於承擔責任的職業精神。勇於承擔責任，會讓一個人迸發出卓越的執行力，從而在工作中脫穎而出，取得優異的成績，如此一來，自然會比他人更能取得事業的成功。勇於承擔責任，會使一個人得以擔當更大的工作任務，積極主動地為團體發展盡最大努力，這樣自然會使其贏得公司的賞識，獲得更多的培養機會。勇於承擔責任，還會使一個人的人格變得更高尚，並會得到老闆、主管、同事和客戶的尊敬。這些都是一個人將來邁向成功與輝煌的基礎。

每一個職場中人都必須明白，對工作負責是每位員工的應有品德。不同的職位有不同的職責，從來就沒有一種職位不需要負責。社會學家戴維斯（Kingsley Davis）曾說：「放棄了自己對社會的責任，就意味著放棄了自身在這個社會中更好地生存的機會。」同理，要是你放棄了自己對工作的責任，就表示你放棄了自己在企業中更好地發展的機會。任何企業都不願意僱用缺乏責任感的人，這類人員就算僥倖留在企業中，也永遠不會取得大的成功。

＝ 培養主人翁心態，激發自身潛能 ＝＝＝＝＝＝＝

約翰在一家公司工作好幾年了。每天早上吃過早餐，約翰都會精神十足地開車去公司上班。公司同事每天都會看到約翰神采奕奕地展開各項工作，無論多難的任務他都不退縮，無論做多少事情他都不喊累，而且他做任何一項工作都精益求精。同事們都對約翰充沛的精力感到由衷的欽佩，同時也為此感到不可思議，因為工作一天下來，大家都覺得累極了，可約翰不僅不感到累，還工作得意猶未盡。

更令同事們感到不可思議的是，約翰還常常加班，而且還主動申請做那些沒有人願意承擔的棘手工作。當公司出現危機時，他不像其他同事那樣急著另謀生路，而是像公司總裁一樣急著尋找化解危機的方法……

「約翰好像把公司當成自己的財產，或者他是一個天生的工作狂，否則的話，他怎麼會如此熱愛工作，如此為公司的事情大傷腦筋？」同事們都這樣說。

那麼公司老闆是如何看待約翰的呢？

讓我們聽聽在一次員工大會上，公司總裁的一段講話吧！

「公司今年的最佳員工仍然是約翰。約翰先生已經連續五年獲得此項殊榮，他的家庭應該為有他這樣的成員而感到驕傲，他的朋友也應該為有他這樣的朋友而感到自豪，所有員工也應該為有他這樣的夥伴而受到激勵，公司更為有這樣的員工而倍感榮幸。另外，公司的發展正是在像約翰一樣忠誠和優秀的員工共同努力下實現的。在此，我感謝約翰，感謝像他一樣為推動公司發展付出切實努力的員工。」

約翰在公司一步一個腳印的成長經歷得到了公司總裁對他的高度評價。他現在是公司的執行副總裁，而且是公司最信任的副總裁，而他剛進入公司的時候只不過是一個普通的銷售助理。

有人問約翰為什麼工作起來不知疲倦，為什麼願意為公司付出這麼多精力，約翰回答：「當我接受一項工作時，我實際上是在完成一項讓我有強烈成就感的使命，而且這項工作越富有挑戰性，我內心的成就感就越強。至於我為什麼願意為公司付出那麼多的精力，我想這個問題更容易回答，因為我的事業和公司的事業是綁在一起的，我認為從某種程度上說公司就是我的合夥人，我們必須朝著同一個方向共同努力。如果我努力了、進步了，那麼公司的事

業就會得到發展；同樣，公司的持續發展為我個人的進步創造了最優越的條件。所以我認為，我為公司付出多少精力都是值得的，也都是應該的。」

約翰的精彩回答印證了這樣一個道理：以主人翁的心態對待公司，才會激發自己的能量，才會讓自己貢獻全部力量，最終達到公司與個人的雙贏。

以主人翁的心態對待公司，把公司看成是自己的。這樣，在公司出現問題或是選擇發展方向的時候，你就不會置身事外，因為「公司就是你的」，這句話已經深深烙在了你的心裡，你知道公司興旺，你才會得到更多，而如果公司發展不好，你可能會失去這份工作。小王是一家公司宣傳部的助理，剛進公司一個多月，大概了解公司宣傳方面的工作。

一天。經理讓她去做一個市場調查，看看公司新上市的化妝品賣得怎麼樣，消費者是如何評價的。小王先來到本市最大的一家百貨公司，在化妝品專櫃。她看到自己公司的新產品，幾乎無人問津。看到這些，小玉心裡很不舒服。她看見有位顧客似乎自己拿不定主意，在每個櫃檯前都看一會兒。在自己公司的專櫃前，小王主動詢問這位顧客需要什麼樣的化妝品，了解到顧客需要的功效，正是這

批化妝品的功效，小王憑著一個多月來對這種產品的了解，向顧客詳細介紹了產品的功效，她自己也沒有想到，平時寡言的自己會有這麼多的話說。她的「熱情演說」吸引了越來越多的顧客。大家都對這個新上市的化妝品充滿興趣。這天的銷售額是該產品上市以來最高的。

　　總經理聽商場經理講了這件事，決定給予小王獎勵。當他問小王為什麼會「勇敢」地走過去，向顧客推銷新產品時，小王說：「看到我們的產品幾乎沒有人過去問，我很著急，我是公司的員工，就是公司的主人，公司的事情義不容辭。」

　　不久之後，小王就晉升為另一個區域的宣傳經理了。主人翁心態能激發一個人的能量，在工作中是非常重要的。如果每一個人都有主人翁心態，把公司的事當作自己的事來做，公司會擁有強大的無形財產。

　　身為企業大家庭中的一員，不管你是否才華橫溢、能力出眾，只要你渴望晉升，渴望擔當大任，渴望獲得更為廣闊的發展平臺，就要以忠誠，以企業主人的態度來爭取。當你以公司主人的身分工作，將全部身心徹底融入公司的事務中，激發自己的能量，處處為公司著想，作出自己的成績，那麼你晉升是早晚的事。更重要的是，你永遠

不用擔心失業，因為只有主人捨棄家，沒有哪個家會拋棄
主人。

═ 任何一個員工都離不開工作 ═══════

　　員工與公司之間的關係正如一場博弈，經濟學裡有一
個「智豬博弈」的例子正說明了這一點。

　　假設豬圈裡有一頭大豬和一頭小豬，兩頭豬在同一個
食槽裡進食，並且這兩頭豬都是有智慧的「智豬」。豬圈
兩頭距離很遠，一頭安裝了腳踏板，另一頭是飼料的出口
和食槽。踩一下，就會有相當於 10 公斤的飼料進槽，但
是踩踏板和跑到食槽處需要消耗相當於 2 公斤的飼料。

　　兩頭豬都有兩個選擇：自己去踩踏板或是等待另一頭
豬去踩踏板。

　　大豬先去踩踏板，牠將比小豬後到食槽，除去大豬運
動消耗，雙方純得益為 6：4，若大豬選擇等待，得益為 0；
小豬先踩踏板，牠將比大豬後到食槽，吃到的飼料少，除
去運動消耗，雙方純得益為 9：-1，若小豬選擇等待，得
益為 0；兩頭豬同時踩踏板，雙方純得益為 5：1；兩頭豬
都等待，都吃不到飼料，雙方得益都為 0。

綜合以上分析，大豬選擇行動優於等待，小豬選擇等待優於行動。為了讓雙方達到雙贏，最佳選擇就是大豬行動，小豬等待。其實，「智豬博弈」的道理在我們的工作中也有所展現，員工就是「大豬」，而公司則是「小豬」。為什麼這麼說呢？員工在公司裡，要麼努力工作，讓公司和自己都受益；要麼敷衍工作，給多少錢做多少工作，久而久之，不是自己感覺個人能力沒有施展的空間選擇辭職，就是公司對你不滿意辭退你，員工的收益自然大受損失。公司也有兩種選擇，要麼主動培養員工──這樣風險很大，就猶如小豬去踩踏板，收益為負數，很少有公司會作出這樣的決定；要麼選擇等待，等待員工行動，如果員工不主動，公司也能維持基本的運轉，收益並不受損，即使員工辭職，還會立刻有人來補充這個崗位，對收益沒有什麼影響。公司就像小豬一樣具有先天的優勢。因此，在員工與公司博弈中，只有員工主動行動，才能夠與公司達到雙贏。郭某在一家公司已經工作一年了。這家公司很小，只有郭某一名會計。他總認為自己是公司的「財政大臣」，掌握著財政大權，同時又認為自己所學的知識沒有得到完全施展，好像是公司欠了他一樣。每天面對前來報銷、送報表的同事都是一副不耐煩的樣子。工作也不

積極，他想，反正公司就我自己懂這方面知識，你們都得來求我，沒有我，你們誰也領不到薪水。就這樣，他把應該這個月報銷的單子拖到下個月，本來應該每月 8 日發薪水，他硬是到 10 日才清算完畢。公司同事都對他很不滿意，有的人便向主管反映了此事。

一位和郭某很要好的同事勸他：「現在大家都對你頗有意見，你要注意一些，要不然會被公司辭退的。」

郭某對於同事的勸告根本不當一回事：「沒事，公司就我一個會計，要是離了我，公司的正常運營都會出現問題。再說了，我所學的專業知識還都沒有得到充分應用，我還感覺委屈呢！」

一個月後，郭某真的收到公司的辭退信。

後來郭某又進了兩家公司，每次都是因為他感覺自己的能力沒有施展開而離職。這時，郭某又想回到原來那家公司，便把以前的同事約出來了解情況，在他離開後，公司立即就招聘了一名新會計，新會計在一週之內已經把公司的業務以及郭某以前留下的問題都解決了。現在公司正在準備上市，因為這個會計的工作非常出色，她已經升職做了財務經理，除了處理日常的一些事務，還參與未來公司規劃的討論，以及一些公司事務的管理，她的工作得到

老闆和同事們的認可，大家都非常喜歡她。

聽到以前同事的話，郭某真是追悔莫及，如果自己當初積極主動一些，現在坐在財務經理位置上的就是他了。

員工離不開工作，而不是工作離不開員工，這是每位在職人員和求職人員都應該明瞭於心的道理。沒有一個工作崗位是專門為你設定的，就算現在擁有的工作崗位可能都有幾十人在競爭，每個員工都必須讓自己主動，緊緊把握工作機會，才不會讓自己丟掉這份工作。

因此，應該是你去適應工作，而不應該讓工作去適應你。如果你不主動工作，每天讓工作追得「人仰馬翻」，不僅讓自己處於疲憊之中，總有一天也會被公司拋棄。只有主動工作，爭取更多的工作機會，才會讓自己的能力得到充分展示，公司也會更加重視這樣的員工，給你更多的機會，最終達到個人與公司的雙贏。

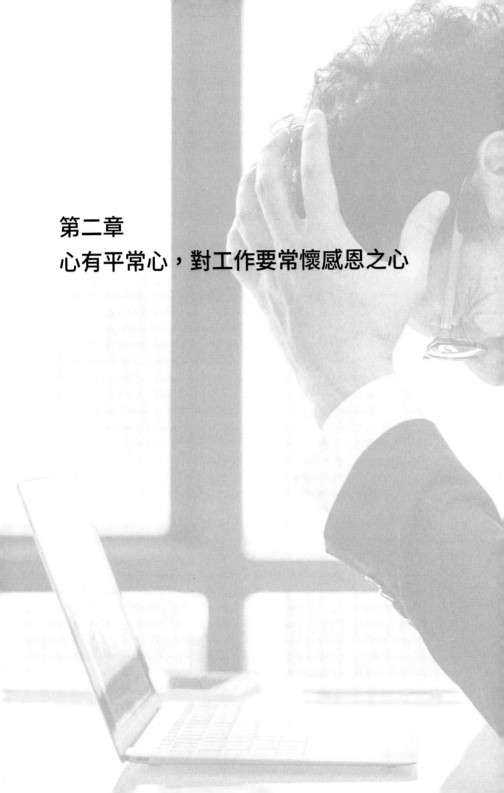

第二章
心有平常心，對工作要常懷感恩之心

＝擁有一份工作，就要懷有一分感恩 ＝＝＝＝＝

　　每一份工作中都有許多寶貴的經驗和資源，如：失敗的沮喪、成長的喜悅、溫馨的工作夥伴、值得感謝的客戶等，這些都是成功者必須體驗的感受和必須具備的財富。每天都用感恩的心工作，收穫一定會很多。國輝是美國奧關廣告公司的一名設計師，有一次被公司總部安排前往日本工作。與美國輕鬆、自由的工作氛圍相比，日本的工作環境顯得更緊張、嚴肅和有緊迫感，這讓國輝很不適應。

　　「這邊簡直糟透了，我就像一條放在死海裡的魚，連呼吸都困難！」國輝向老闆訴苦。老闆是一位在日本工作多年的美國人，他完全能理解國輝的感受。

　　「我教你一個簡單的方法，每天至少說 40 遍『我很感激』或者『謝謝你』，記住，要面帶微笑，發自內心。」

　　國輝抱著試試看的態度做了，一開始還覺得很彆扭，要知道「刻意地發自內心」可不是件容易的事情。

　　可是幾天下來，國輝覺得周圍的同事似乎友善了許多，而且自己在說「謝謝你」的時候也越來越自然，因為感激已經像種子一樣在心裡悄悄發芽。

　　漸漸地，國輝發現周圍的事情並不像自己原來想像的

那麼糟糕。

到最後，國輝發現在日本工作簡直是一件讓人愉快的事情！正是感恩的態度改變了這一切，「謝謝你！」「我很感激！」當你微笑而真誠地把這些話說出去時，你自己和別人的心裡就已經埋下了快樂的種子，而快樂是比任何物質獎勵都寶貴的禮物。

當你帶著感恩的心情工作時，你的態度無疑會是快樂而積極的。

在兒子踏入社會前，有位父親告誡兒子三句話：「遇到一位好老闆，要忠心為他工作；假如第一份工作就有很好的薪水，那算你的運氣好，要努力工作以感恩惜福；萬一薪水不理想，就要懂得在工作中磨練自己的技藝。」

這位父親是睿智的，所有的年輕人都應將這三句話深深地記在心裡，始終秉持這個原則做事。即使起初位居他人之下，也不要計較。在工作中不管做任何事，都要把自己的心態回歸到零：把自己放空，抱著學習的態度，將每一次都視為一個新的開始，是一次新的經驗，不要計較一時的待遇得失。

每一份工作或每一個工作環境都無法盡善盡美，但每一份工作中都有許多寶貴的經驗和資源，如：失敗的沮

喪、自我成長的喜悅、溫馨的工作夥伴、值得感謝的客戶等等，這些都是工作成功必須學習的感受和必須具備的財富。如果你能每天懷著感恩的心情去工作，在工作中始終牢記「擁有一份工作，就要懂得感恩」的道理，你一定會收穫很多。

一種感恩的心態可以改變一個人的一生。當我們清楚地意識到沒有任何權利要求別人時，就會對周圍的點滴關懷或任何工作機遇都懷抱強烈的感恩之情。因為要竭力回報這個美好的世界，我們會竭力做好手中的工作，努力與周圍的人快樂相處。結果，我們不僅工作得更加愉快，所獲幫助也更多，工作也更出色。

感恩既是一種良好的心態，又是一種奉獻精神，當你以一種感恩圖報的心情工作時，你會工作得更愉快，你會工作得更出色。

真正的感恩應該是真誠的、發自內心的感激，而不是為了某種目的，迎合他人而表現出的虛情假意。與溜鬚拍馬不同，感恩是自然的情感流露，是不求回報的。時常懷有感恩的心情，你會變得更謙和、可敬且高尚。每天都用幾分鐘時間，為自己能有幸擁有眼前的這份工作而感恩，為自己能進這樣一家公司而感恩。所有的事情都是相對

的，不論你遭遇多麼惡劣的情況，都要心懷感激之情。

對工作心懷感激並不僅僅有利於公司。「感激能帶來更多值得感激的事情」，這是宇宙中的一條永恆的法則。請相信，努力工作一定會帶來更多更好的工作機會和成功機會。除此之外，對於個人來說，感恩是富裕的人生。它是一種深刻的感受，能夠增強個人的魅力，開啟神奇的力量之門，發掘出無窮的智能。感恩也像其他受人歡迎的特質一樣，是一種習慣和態度。

失去感恩之情，人們會馬上陷入一種糟糕的境地，對許多客觀存在的現象日益挑剔和不滿。如果你的頭腦被那些令你不滿的現象所占據，你就失去了平和、寧靜的心態，並開始習慣於注意並指責那些瑣碎、消極、猥瑣、骯髒甚至卑鄙的事情。放任自己的心思關注陰暗的事情，你自己也將變得陰暗，並且，從心理上，你會感覺陰暗的事情越來越多地圍繞在你身邊，讓你難以擺脫。相反，把你的注意力全部集中在光明的事情上，你也將變成一個積極向上的人。

不要浪費時間去分析和抨擊高高在上的公司官僚，不要無休止地指責和厭惡在某些方面不如自己的部門主管。指責別人不能提高自己，相反，抨擊和指責他人只能破壞

自己的進取心，徒增莫名的驕傲和自大情緒。請相信市場永遠是公平的，它會以自己的方式去實現公平，一切降低公司效益的行為和個人終將被清除，那些風光一時的不稱職者終將被社會無情淘汰。帶著一種從容坦然、喜悅的感恩心情工作吧，你會獲取最大的成功的。

═ 消除抱怨心態，熱愛你的工作 ═

「我只拿這點錢，憑什麼去做那麼多工作。」

「我為公司工作，公司付我一份報酬，等價交換而已。」

「我只要對得起這份薪水就行了，多一點我也不做。」

「工作嘛，又不是為自己做，說得過去就行了。」

……

許多人可能會覺得這些似曾相識的言辭好像剛剛還有人在耳邊講過，聽得多了，甚至自己還有一絲絲的認同。這種「我不過是在為主管工作」的想法具有很強的代表性。殊不知，恰恰就是這樣的牢騷和想法，使我們喪失了工作的活力與熱情，收回了邁向優秀與傑出的步伐，逐漸地歸於平庸了。

如果你打心裡喜愛你的工作，那麼就不必花費很多心

血便能在職場中闖出屬於自己的天地。但是，如果你不喜歡你的工作，因為痛苦和厭惡愈來愈大，頭愈來愈痛，自然會有「再也不要做了」的念頭。這樣的話，絕對不能把事情做好。

因此，我們必須熱愛我們的生命，必須熱愛我們的工作，如果我們總是做哪行怨哪行，如果我們老是吃著碗內看碗外，老是站在這山看那山高，老是覺得別人那碗飯比較好吃，自己這碗飯很難吃，我們的工作不但不會做好，而且工作壓力肯定大得不得了（什麼事還沒做你就已經覺得累了，因為你根本就不喜歡這份工作）。

所以，我們必須改正那種不正確的心態與習慣，我們必須熱愛我們的工作、盡我們應負的職責，並且帶著使命感去完成它。這樣，我們不但可以輕鬆工作，而且必能有所成就。

當然，這裡所說的熱愛工作，並不是要去成為工作狂，更不是要去過勞死，而是要忠誠地負起工作上所有的責任，並且在上班時間全力以赴，凡事都發自內心地去做，自動自發地成為一個有好品格與操守、有好能力與知識的人。

美國某著名管理學家曾講過一個關於熱情的小故事：

我在為世界 500 強排行前列的一個企業做顧問的時候，發現有一個工廠的工人總是無精打采的。原來，這個工廠是整個公司最髒最累的一個工廠，每一個到這個工廠工作的人都認為自己很倒楣。

　　然而，有一個小夥子卻顯得異常快樂，他充滿活力，不時招呼他人，甚至還吹起口哨。

　　「你為什麼能這麼快樂？」我問他。

　　「因為我熱愛這份工作。」小夥子頭也不抬地對我說，說完又吹起了口哨。

　　自然，那些認為自己倒楣的人絕對不會熱愛這份工作的。

　　我當時很感動。我相信，即使這個小夥子沒有得到晉升，沒有比任何人多掙一分錢，他所獲得的，也遠比他的同事多得多。他擁有的好心情，就是其他同事所不具備的，熱情所帶來的必是一種快樂。

　　工作有趣與否完全取決於你個人的看法。我們可以把工作做好，也可以做壞；可以高高興興和驕傲地做，也可以愁眉苦臉和厭惡地做。如何去做，完全在於我們自己。

　　沃爾頓（Samuel Moore Walton）說過：「如果你熱愛工作，你每天就會盡自己的能力要求完美，而不久你周圍的

人也會從你這裡感染到這種熱情。」我們之中的任何一個人只要說不想做了，周圍的人就會附和說也不想做。換言之，有一個人幹勁十足，周圍的人也會不由自主地想向他學，並追、趕、超過他。

每個人都應該學會熱愛自己的工作，即使這份工作自己不太喜歡，也要盡一切能力去適應、去熱愛它，並憑著這種熱情去發掘內心所蘊藏的活力、熱情和巨大的創造力。事實上，你對自己的工作越熱愛，做好的決心越大，工作效率也就越高。當你懷著這種熱情工作時，工作就不再是一件苦差事，而會變成一種樂趣。如果你對工作充滿熱愛，你就會從中獲得巨大的快樂。

「選擇你所愛的，愛你所選擇的」。不管你從事什麼樣的職業，只有抱著這種心態，你才能提高工作效率，才能獲得更多的發展機會，才能在自己的職業生涯中獲得成功！

═ 感恩可以激發自身最大的工作潛能 ═══════

「我什麼事情都做不了。」

「我感覺我的力量已經枯竭了。」

「我無法再激發自己的潛能。」

第二章　心有平常心，對工作要常懷感恩之心

「這項工作太困難了，我沒有辦法完成。」

這是我們常常聽到的牢騷，說這些話的人大多精神萎靡、士氣低沉，似乎喪失了所有的動力，就像一座被掏空的礦山，仍然屹立在那裡，卻因為沒有內涵而顯得空洞。

國際潛能激發大師安東尼・羅賓（Tony Robbins）曾說過：「每一個人都蘊藏著無限的潛能。」有些人無法激發潛能，是因為缺少激發潛能的動力。

在工作中，感恩是一種力量，它可以激發人體內在的潛能，這種能量一旦激發，就會為人生帶來難以想像的震驚，而感恩就是激發這種能量的導火索。一旦你意識到這種力量的存在，並開始以更加積極的態度運用它，你就能夠改變整個人生。

吳定軍是一間樂器公司分場的廠長，是個懂得感恩的人。他感謝老闆對自己的信任，感謝同事對自己的幫助，感謝下屬對自己的支持，感謝家人對自己的體諒。感恩的心使他充滿了動力，激發了巨大的潛能。

他在工作中不僅制定了自己獨創的一套生產經營思路，而且帶領員工在技術開發上屢屢創新。

吳定軍深知現在企業生存靠的是新產品、新技術、創市場、低成本。如果在技術革新、創新方面走在他人後

面，那麼企業只有倒閉一條路可走。於是，在工作中他帶領工程技術人員不斷鑽研和探索。

吳定軍常說：「我們的資源有限。我們要賣技術賺錢，不要賣資源賺錢。」透過摸索、試驗，吳定軍和他所帶領的技術人員先後改進工裝、工藝，引進先進設備 100 餘項，使產品中多個基礎配套零件的生產技術和成本的消耗率走在了全國同行業的前列，大量節約了工時能源。在原材料價格平均每年上漲 30% 的情況下，達到材料消耗每年平均下降 1%。

吳定軍帶領分廠員工大膽改革：鼓舞裝配流水線的使用，在節省了空間的同時還避免了產品磕、磨、劃、碰等品質問題的頻繁出現；電鍍車間擴建，產量增加近 10 倍；靜電噴塗自動流水線設備的投入使用，不但使效益增加 10 倍左右、且當年投入使用，當年就見效益；木鼓幫打孔製作傳統工藝是鑽頭打孔，在吳定軍的帶領下，員工們積極探索，實驗用衝壓機打孔，效率提高了 3 倍，品質大有改進，這在國內外尚屬首例。

老闆在談到分廠的時候，總是情不自禁地說：「分廠少不了老吳啊！對他人的感恩可以讓我們積極開啟自己的智慧，更專注地改進工作方法，喚起自身無限的潛能，為

企業的發展作出卓越的貢獻，成為老闆最放心的人。在某間家電公司，有一個名叫戴弋的女孩，她只是空調事業部的一個普通品管員，她對自己這份簡單的工作心懷感恩，並且從這份簡單的工作中發現了不簡單的問題，為公司節省了不少成本。

以前在檢驗空調的時候，冷凝器上有油脂，在大批量檢驗完後，水便會渾濁，一天要換好幾次，每次都用掉近10噸水，很浪費。

如果一般人遇到這種情況，大不了只是將問題向上級反映。細心的戴弋發現了這個問題，但她並沒有簡單地上報給主管老闆，而是開動腦筋，開始想怎麼能夠解決這個問題。

後來，戴弋想出了一個可以節約用水的好辦法：根據不同大小的機型，水位不必一樣高，有的可以調低，這樣就會節約很多水。

經過實驗以後，這個方法果然可行！她的有效建議一經上報，便立刻通過了。

後來，戴弋又連續提出了4項有效建議。

對於這樣積極提供有效建議的員工，老闆當然很讚賞。空調事業部一廠的訂單執行經理吳經理說：「戴弋這

個小姑娘，根本不用人操心！她一發現問題就一直盯著，直到把問題解決！那股認真態度，看了讓人高興！」每一個人的潛能就像一座寶藏，感恩就是挖掘這座寶藏的引路燈。懷著一顆感恩的心去工作，開啟智慧，帶給企業最大化的利益，最終你將成為職場中的一棵常青樹。

只有心懷感恩的人，才能視萬物為恩賜；也只有當我們心中充滿感恩的時候，世界才會變得無限美好。感恩不但能夠點燃我們的工作熱情，而且能夠激發我們無限的工作潛能。

＝ 懂得感恩，多反省自身之過 ＝

小宋畢業於某國立大學，在一家事業公司工作。

公司裡要寫很多公文，她畢竟剛來，對公文寫作還不熟，於是每次寫好後，她都要給同事老王看，待老王修改完，她再拿去請科長審閱。很快，小宋的公文越寫越好，老王已經沒有什麼可以修改的了，可科長仍舊東塗西抹，不留情面。小宋雖有些不悅，但沒說什麼，依然很謙虛地請科長批改。

由於小宋謙虛勤奮，科長把小宋推薦給上級宣傳部門，小宋升職了。

一天，上級要求科裡寫一個重要公文，公文組織好後，科長讓人先送到宣傳部門說是請上級把關，兩天後，小宋把公文修改好，得到了上級的好評。科長很滿意，說小宋還真行，我沒有看錯人。小宋請大家吃飯，有人私下裡對小宋說：「你應該讓科長請你吃飯才對，那公文是你寫得好。」

　　小宋說：「那怎麼行，我會寫公文是你們教的，我得感謝你們才對。我老爸在我初入職場時，送我四個字：『感恩寬容』。」

　　小宋受到了苛責之後，並沒有抱怨和指責科長的專制和挑剔，而是感激科長為自己帶來的成長進步的機會。事實也證明瞭這一點，由於虛心，由於自省，由於感恩，小宋確實得到了能力和職位的提升。身在職場，與同事要互相理解，互相幫助；要多反思自己的不足，多感激別人的恩惠，少談論別人的缺點，對矛盾不要老是耿耿於懷。如果能做到這些，同事之間的摩擦就會減少許多，工作就會更加和諧，生活也會更加快樂。正如法國啟蒙思想家盧梭所說：「忍耐是痛苦的，但是，它的結果卻是甜蜜的。」

　　但在實際工作中，有很多人滿足於自己的工作現狀，習慣於按照老闆的安排埋首工作，不想學習，也不對自己

的工作進行客觀的評價和適時改進，認為自己按照老闆的指令，盡職盡責地努力工作了，即使出現了失誤和漏洞，也不關自己的事。其實，這是一種極不負責任的行為，時間長了，這種行為就會使人產生惰性，失去創造的活力和新穎的想法。

一位推銷員在公司購買的培訓教材上看到這樣一句話：「質疑和改進你的工作，這是唯一可取的工作態度。」

剛開始，他有些懷疑，後來，為了驗證這一句話，他仔細反省自己的工作方式和態度，結果發現自己本來有許多可以與顧客成交的機會都錯過了。後來，他分析原因，認為自己在工作中的確沒有做到完全負責：在工作之前準備不充分，心不在焉，信心不足。於是，他制訂了嚴格的工作計劃，並付諸工作實踐當中。

幾個月後，他回顧了一下自己的工作，突然發現自己的工作業績已經增長了幾倍。

數年後，他擁有了自己的公司，開始在更廣闊的舞臺上施展自己的才華。

這名推銷員之所以獲得成功，就在於他懷有感恩之心，懂得自我反省，不斷地分析原因、改進工作，從而使自己的工作能力得到不斷提高。古往今來，質疑和改進

自己的工作始終是完善工作的前提。只有勇於對自己的工作提出疑問，才能避免錯誤的發生，從而出色地完成工作任務。在工作面前，我們要學會感恩；在責任面前，我們要時常反省。這是任何一名優秀員工都必須具備的兩大素養。

＝ 感恩心要持之以恆 ＝

　　曾經有兩個人在沙漠中行走，他們是很要好的朋友。在途中不知道什麼原因，他們吵了一架，其中一個人打了另個人一巴掌。那個人非常傷心，於是他就在沙裡寫道：「今天我朋友打了我一巴掌。」

　　寫完後，他們繼續行走。他們來到一塊沼澤地裡，那個人不小心踩到沼澤裡面，另一個人不惜一切，拚了命地去救他，最後那個人得救了。他非常高興，於是拿了一塊石頭，在上面寫道：「今天我朋友救了我一命。」

　　朋友一頭霧水，奇怪地問：「為什麼我打了你一巴掌，你把它寫在沙裡？而我救了你一命你卻把它刻在石頭上呢？」

　　那個人笑了笑，回答道：「當別人對我有誤會，或者有什麼對我不好的事，就應該把它記在最容易遺忘，最容

易消失不見的地方，由風負責把它抹掉。而當朋友有恩與我，或者對我很好的話，就應該把它記在最不容易消失的地方，儘管風吹雨打也忘不了。」對每個人而言，感恩是一種愛，是一種對愛的追求、對善的堅守；感恩也是一種對生命的尊重、對責任的執著。一般來講，一個懂得感恩的人，也是一個對家庭、學習、生活乃至社會負起責任的人。

然而，在現實生活中，許多人不懂得感恩，不能用一顆感恩的心對待他人。許多成功人士在談到自己的成功經歷時，往往過分強調自身的能力與努力。其實，每個登峰造極的人，都獲得過別人的許多幫助。一旦你訂出成功目標並且付諸行動之後，你就會發現自己獲得許多意料之外的支持。因此，你應該時時感謝這些幫助你的人，回報他們的恩情。

你來到這個世界上，要感謝父母的恩惠、感謝國家的恩惠、感謝師長的恩惠、感謝大眾的恩惠；沒有父母養育、沒有師長教誨、沒有國家愛護、沒有大眾助益，我們何能存於天地之間？因此，感恩不但是一種美德，也是一個人之所以為人的基本條件！

現在的年輕人，自從出生以來，都是受父母的呵護，

受師長的指導。他們對自己的親人及師長、社會尚未有一絲貢獻，但卻牢騷滿懷，處處抱怨，看這不對，看那不好，視恩義如草芥，只知仰承天地的甘露之恩，不知道回饋，足見其內心的貧乏。

現代中年人，既有國家的栽培，也有老闆的提攜，但他們卻不懂得感恩，不懂得貢獻於社會，不懂得感恩老闆，而是對社會現實不滿，對老闆有諸多埋怨，好像別人都對他不起，憤憤不平。這樣的人在家庭裡，難以成為善良的家長；在社會上，難以成為稱職的員工。

羔羊跪乳，烏鴉反哺的道理，眾所周知，既然動物都懂得感恩，而身為高級動物的人類就更應該懷有一顆感恩的心。因此，我們要知道所謂「一粥一飯，當思來處不易；一絲一縷，應知物力維艱」的感恩之情。

如今，感恩已經成為一種普遍的社會道德。然而，人們可以為一個陌路人的點滴幫助而感激不盡，卻無視朝夕相處的老闆的種種恩惠。將一切視之為理所當然，視之為純粹的商業交換關係。這是許多公司老闆和員工之間關係緊張的原因之一。的確，僱用和被僱用是一種契約關係，但是在這種契約關係背後，難道就沒有一點同情和感恩的成分嗎？老闆和員工之間並非是對立的，從商業的角度，

也許是一種合作共贏的關係；從情感的角度，也更應該有一份親情和友誼。

不知你是否曾經想過，寫一張字條給老闆，告訴他你是多麼熱愛自己的工作，多麼感謝工作中獲得的機會。這種深具創意的感謝方式，一定會讓他注意到你 -- 甚至可能提拔你。感恩是相互的，如果你感恩於老闆，老闆也同樣會以具體的方式來表達他的謝意，感謝你所提供的服務。

學會感恩，也不要忘了感謝你身邊的人 —— 你的老闆和同事。因為他們了解你、支持你。大聲說出你的感謝，讓他們知道你感激他們的信任和幫助。請注意，一定要說出來，並且要經常說！這樣可以增強公司的凝聚力。

感恩是真情的流露，真正的感恩應該是真誠的，發自內心的感激。而不是為了某種目的，迎合他人而表現出的虛情假意。與溜鬚拍馬不同，感恩是自然的情感流露，是不求回報的。一些人從內心深處感激自己的老闆，但是由於懼怕流言蜚語，而將感激之情隱藏在心中，甚至刻意地疏離老闆，以表自己的清白。這種想法是何等幼稚！如果我們能從內心深處意識到。正是因為老闆費盡心機的工作，公司才有今天的發展，正是因為老闆的諄諄教誨，我們才有所進步，才會心中坦蕩，又何必去擔心他人的流言

蜚語呢？

在這個社會上行走，我們需要感恩的人很多。對於每個人來說，感恩是一種深刻的感受，能夠增強個人的魅力，開啟神奇的力量之門，發掘出無窮的智能。感恩也像其他受人歡迎的特質一樣，是一種習慣和態度。

常常用一顆感恩的心感謝他人，你會變得更謙和、可敬且高尚。每天都用幾分鐘時間，為自己能有幸成為公司的一員而感恩，為自己能遇到這樣一位老闆而感恩。所有的事情都是相對的，不論你遭遇多麼惡劣的情況。

我們應經常將「謝謝你」、「我很感激你」等表示感謝的話掛在嘴邊。並以特別的方式表達你的感謝之意，付出你的時間和心力。為公司為老闆更加勤奮地工作，這比物質的禮物更可貴。

在生活或工作中。當你的努力和感恩並沒有得到相應的回報時，同樣你也要心懷感激之情。如果你每天能懷著一顆感恩的心去生活，你就會發現生活是如此的美好，如果你每天能懷著一顆感恩的心去工作，你就會感覺到工作的樂趣。也只有懂得感恩，學會感恩，你才是一個真正有責任心的人。

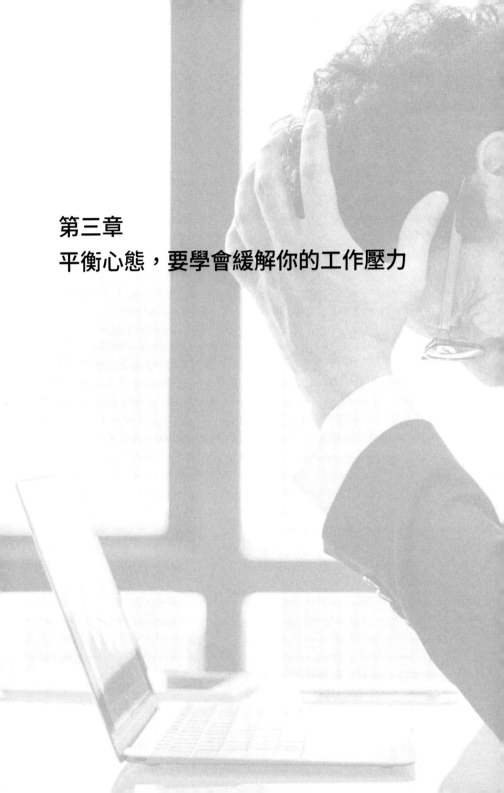

第三章
平衡心態，要學會緩解你的工作壓力

═ 如何緩解職場中的壓力 ═

　　每位在職場打拚的人士或多或少都會有一定的壓力，也有很多人因不堪壓力的重負身心俱疲。那麼，我們能否消除現代工作生活所帶來的壓力呢？答案是：絕不可能！因為工作必然造成一定的壓力，生活中也需要一定的壓力。壓力可以刺激我們採取一些行動，挑戰我們自身的能力，幫助我們達到自己認為不可能達到的目標。問題就在於我們怎麼處理、安排和緩解工作中的壓力而不至於因為壓力過大而垮掉。

　　既然壓力不可避免，那麼我們就應該學會緩解壓力，做好調節。以下是幾個簡單、有效的方法，職場人士不妨嘗試一下。

■ 用積極的心態面對壓力

　　在充滿激烈競爭的都市裡，每個人都會或多或少地遇到各種壓力。可是，壓力可以是阻力，也可以變為動力，就看自己如何去面對了。社會是在不斷進步的，人在其中不進則退，所以當遇到壓力時，明智的做法是採取一種較為積極的態度來面對。實在承受不了的時候，也不要讓自己陷入其中，可以透過看看書、作作畫、聽聽音樂等，讓

心情慢慢放鬆下來，然後再重新去面對。到這時往往就會發現，壓力其實也沒那麼大。

有些人總喜歡把別人的壓力放在自己身上，比如看到別人升職、發財，就會納悶為什麼會這樣呢？為什麼不是自己呢？其實只要自己盡了力，做好自己的工作就得了，有些東西是急不來也想不來的。與其讓自己無謂地煩惱，不如想一些開心的事，多學一些知識，讓生活充滿更多色彩。

■ 要學會適度轉移和釋放壓力

有一則小寓言，說有一種小蟲子很喜歡撿東西，在牠所爬過的路上，只要是能碰到的東西，牠都會撿起來放在背上，最後，小蟲子被身上的重物壓死了。

人不是小蟲子，但人在社會生活中的所作所為又像極了小蟲子，只不過背上的東西變成了「名利權」。人總是貪求太多，把重負一件一件披掛在自己身上，捨不得扔掉。假如能學會取捨，學會輕裝上陣，學會善待自己，凡事不跟自己較勁，學會傾訴、發洩、釋放自己，人還會被生活壓趴下嗎？

面對壓力，轉移是一種最好的辦法。壓力太重背不動了，那就放下來不去想它，把注意力轉到讓你輕鬆快樂的

事上。等心態調整平和以後，已經堅強起來的你，還會害怕面前的壓力嗎？比如做一下體育運動，體育運動能幫助你很好地發洩，運動之後你會感到很輕鬆，這樣就可以把壓力釋放出去。

■ 要勇於正視壓力

人生怎能沒有壓力？的確，想想並不曲折的人生道路，升學、就業、跳槽，從偏遠的鄉村走向繁華的都市，我們的每一個足跡都是在壓力下走過的。沒有壓力，我們的生活也許會是另外一個模樣。當我們盡情享受生活樂趣的時候，都應該對當初讓我們曾經頭疼不已的壓力心存一份感激。

我們應該常常想一想，到底是什麼壓垮了你？是工作？是家庭生活？還是人際關係？如果認知不到問題的根源，你就不可能解決問題。如果你自己在確定問題的根源方面有困難，那就求助於專業人士或者機構，比如心理醫生。

■ 要學會化解壓力

可能的話，把工作分攤或是委派，以減小工作強度。千萬不要陷到一個可怕的泥潭當中：認為你是唯一能做好這項工作的人。如果這樣的話，你的同事和老闆同樣也會

有那樣的感覺，於是就會把工作盡可能都加到你的身上。這樣，你的工作強度就要大大增加了。

當你的大腦一天到晚都在想工作的時候，就會形成工作壓力。一定要平衡一下生活，分出一些時間給家庭、朋友、興趣愛好等，最重要的是娛樂，娛樂是對付壓力的良方。

一天中多幾次短暫的休息，做做深呼吸，呼吸一下新鮮空氣，可以使你放鬆大腦，防止壓力情緒的形成。千萬不要放任壓力情緒的發展，不能使這種情緒在一天工作結束時升級成為壓倒你的工作壓力，要時不時地做做深呼吸緩釋一下壓力。

不要把受到的批評個人化。當受到反面的評論時，你就把它當成是能夠改進工作的建設性批評。但是，如果批評的語言是侮辱性的，比如你的老闆對你說一些髒話，那你就需要向你的經理或是人力資源部門反映情況。這樣的批評是不能接受的。

辨別一下你能控制和不能控制的事情，然後把兩類事情分開，歸為兩類，並列出清單。開始一天的工作時，首先要替自己約定：不管是工作中的還是生活中的事情，只要是自己不能控制的就由它去，不要過多的考慮，替自己

增添無謂的壓力。

　　我們時不時會聽到周圍親朋好友發出諸如此類的抱怨：如今競爭太激烈，工作壓力太大，有時甚至超出了人的承受範圍；工作上努力過了，卻沒有回報，主管語重心長地說：「某某，努力一點啊！」；同事之間有競爭，和同事的關係老是處理不好，每年都選不上公司優秀員工；厭倦了原本的那份工作，想換個更好的職位和環境，可又沒有那個能力……

　　是的，在人的一生中，壓力自始至終存在著。人一出生，壓力便開始附著在人的周圍；長大後，壓力越來越大，其中更多的是來自工作和生活上的壓力 —— 既然人無法擺脫壓力，如同生活在地球上的人無法擺脫地球引力一樣，那就要學著正視它。

　　看到上面介紹的方法，你就會認為減輕壓力其實也很簡單。但是，當我們被壓力驅使，而無力跳出來分析思考的時候，減輕壓力就不是那麼容易了。因此，我們應該時常從繁忙的工作中抽出身來，分析自己的現狀。只要保持一顆清醒的頭腦，放鬆自己就不會太難。

══ 正確對待工作中遭受的委屈 ═══════════

人生存在這個世界上，就免不了要和他人交往。在交往中，難免會遭受挫折，忍受他人之氣。許多當時以為過不了的關、咽不下的氣，事後想想，其實情況並沒有想像中的那麼糟，只要堅持一下，退一步，忍一時，也就過去了。因此說，為人處世，要有好心態、有氣量，要能正確對待生活和工作中的挫折、委屈。

沒有誰喜歡批評而厭惡讚美，除非你是「受虐狂」。因此，因為工作不順或績效不佳而成為上司發洩憤怒的「受氣包」，對誰來說都是痛苦和可怕的體驗。縱然如此，我們也不能將不滿的情緒寫在臉上。不卑不亢的表現會令你看起來更有自信、更值得別人敬重，讓人知道你並非一個剛愎自用或是經不起挫折的人。

毫不隱諱地說：一個人要想在職場如魚得水，就要學會做「變壓器」、「聽診器」和「陀螺」。

為什麼我們主張大家在職場要能做一個變壓器呢？因為變壓器能夠對強大的電壓舒緩、調節和分流，能夠「兵來將擋，水來土掩」。

由於每位主管的工作方法、修養水準、情感特徵都不

相同，對同一個問題的處理方法就會表現出明顯的差異。然而，身為下屬，我們不可能去左右上級的態度和做法。

　　所以應該認知到，只要上司的出發點是好的，是為了工作、為了大局、為了避免不良影響或以免造成更大的損失，哪怕是態度生硬一些、言辭過激一些、方式欠妥一些，身為下屬也要適當給予理解和體諒；反之，如果不去冷靜反思、檢討自己的錯誤，而是一味糾結上司的批評方式是否合適，甚至出言當面頂撞，不僅會激化矛盾，更會有損自己的形象。

　　一個心理健康的人，在面對挫折和委屈的時候，就應該像一個變壓器那樣，善於自動調整自己的情緒，從而振作精神。

　　除了要學會做「變壓器」類型的員工，做一個「聽診器」型的員工也是有必要的。聽診器的特點是能探測並判斷別人的內部健康資訊。當我們在對待那些態度不友好的上司時，就要學做「聽診器」，設法了解其內心活動和真實意圖，「換位思考」，這樣才能做到知己知彼，掌握主動權。

　　事實上，當我們受到上司批評時，大多數人的第一反應就是從自我的角度考慮問題，認為上司是在故意找自己

的碴跟自己過不去。有這種想法，從「情」這個角度講是可以理解的，但是在工作中，不但不利於改正錯誤，還會出現牴觸情緒，影響與上司的正常工作關係。所以我們不妨換個位置，設身處地地從上司的角度考慮一下：假如你是主管，會怎樣對待犯了錯誤的下屬，能夠喪失原則、放任自流、姑息遷就嗎？答案顯然是不能！這樣一想，往往就會心平氣和了。

最後，我們還提倡，職場中人要學著做「陀螺」式的員工：打擊越多卻轉得越歡快。假如我們能認知到批評和責難是一次很好的接受教訓、磨練意志的機會，能把挫折和苦難看作是一筆非常寶貴的財富，那麼是不是就能很坦然地面對了呢？

老張是公司的元老級職員，過去老在新來的職員小陳面前說部門經理的壞話。原因是他是部門裡的「秀才」，在企劃部設計文案，可讓他苦惱的是，不管他怎樣努力，都不能使他的部門經理感到滿意。為此，他曾一度灰心喪氣，甚至想辭職。可最近，公司主管調他去其他部門以後，他對企劃部門經理的看法卻有了些轉變。他發現，正是由於部門經理對他近乎苛刻的高標準要求，才使他負氣式地拚命學習，不斷提高工作績效，最終獲得了自己都沒

想到的好成績。

在公司裡，有時候我們是可憐的「受氣包」和無奈的「變形金剛」，但不管你是蒙羞還是受辱，都要忍耐，要改變自己以求容身之地。儘管當時可能會讓你感覺難堪，感覺沒有顏面，但事後你可能就會發現，自己得到的其實更多：豁達的心境、融洽的人際關係、騰飛的事業……或許正如法國偉大的思想家盧梭所言：「忍耐是痛苦的，但它的果實卻是甜蜜的。」所以，我們對待工作中的委屈應該持一種正確的觀點，抱一種感恩的心態，感謝工作中的苦澀讓我們獲得心靈的超越。

如何正確應對職場年齡恐懼症

主考官對前來面試的李蕊說：「這位小姐，看了你的簡歷，我們公司覺得你似乎正是我們公司所需要的那種類型的人才。不過我們注意到，在你的求職簡歷表上，並沒有註明你的年齡大小，這是什麼原因呢？」

李蕊預感到有點不對勁，不過她還是努力地保持著一份平靜，說：「哦，可能忘了填寫了，我今年剛剛三十出頭……不過，年齡對我應聘貴公司的這個職位很重要嗎？」

「這……這位小姐，從你的求職履歷表上看，你的確是很優秀，不過對你，我們只能說抱歉。」招聘公司的考官稍微遲疑了一下，便不假思索地做出了這樣的回答。

李蕊回到家裡，想到被招聘公司拒絕的剎那間，她覺得鏡中的自己彷彿一下子變老了很多，她自己不敢再繼續看著鏡子，趕忙將視線從梳妝臺移開，一副垂頭喪氣的樣子，顯得是那麼的憂鬱和無助。

這難道是自己的錯嗎？她的心情一下子壞到了極點。再次工作的信心以及打拚的熱情似乎也正慢慢、慢慢地消退下去，她不知道自己該怎樣安排和設計未來的職場生活了。她不願意提及自己的年齡，最後開始恐懼自己的年齡。事實上，像李蕊這樣一些年過三十的職場白領，因各種原因，對自己年齡漸大、事業未成的境況產生的悲觀、消極情緒，就是所謂的白領「年齡恐懼症」。

白領年齡恐懼症是怎麼引起的？一方面一些行業只能「吃青春飯」，如一些服務、娛樂行業，就被人們戲稱為「吃青春飯」的行業。當青春漸逝，不少白領對自己的將來產生了危機感。

另一方面，事業、家庭過大的壓力使職場中人不願面對年齡的現實。這是一種逃避現實的心理。中年人在社會上承

擔著巨大的壓力，往往會幻想自己離開競爭激烈的職場。他們從心理上不願接受這種現實，不願接受自己的年齡。

還有，身在職場，但在「而立之年」還沒做出點成績，以後的人生更不可能成功。許多人認為，在 30 歲之前都沒做出什麼成績，30 歲以後想要成功就更難了，而一些公司也是因為這個原因，許多職位只招年輕人。求職者認為連機會都沒有，成功又從何談起！

針對這種情況又有哪些解決辦法呢？

首先要提升「內功」也許是為年齡憂慮的白領較好的選擇。其次，人到中年後要重新調整自己的方向，逐漸由關心身外之物變為更多地關心自己的心靈，逐漸領悟到人生的智慧，這樣才能減輕心理壓力，順利地度過「中年危機」。最後，要對自己充滿信心。有不少人是「大器晚成」型的，只要給自己機會，不自己打敗自己，加上中年人的經驗與人生歷練，即使已過中年也還有機會成功。

不妨給你的自尊心一個房間

職場中的人際隔閡和矛盾均與自尊心有關。傷害了自尊心就等於傷害了感情，所以善待自尊心成了職場生存中的一門大學問。把自己對自尊心的要求平等地予以他人，

那麼至少可以減少不必要的情感傷害，同事之間的關係自然可以融洽甚至和睦。如何做到給自尊心一個房間，不妨嘗試以下推薦的幾種方法。

■ 方法一：把自己的自尊心要求寫下來

將心比心，是最合適的方法。所以在辦公室中，不妨把自己對自尊心的要求寫下來，而且越具體越好。例如：「可以讓我在公司裡發表自己的意見，不管正確與否」、「可以在一個相對私密的空間裡被老闆訓話」、「可以討論錯誤的原因，而不是指責自己的過錯」。

因為自己有這樣的要求，那麼在對待下屬、同事時或許就會考慮對方的情緒和要求，不至於傷害到對方脆弱的情感。

■ 方法二：學會把自尊心看做「面子」

自尊心的問題說白了也就是「面子」問題，沒有人願意被老闆隨意當墊背，也沒有人願意被同事經常惡搞，更沒有人願意在辦公室成為八卦新聞的主角，因為所有這一切都會影響其在辦公室的地位和聲響，也就是有可能「臉面喪盡」。

所以正確的方法，就是把對他人的尊重問題看做給足

「面子」的舉措，這樣至少不會讓人有「臉上掛不住」的感覺。

■ 方法三：積極參與「自尊心傷害」的補救

無論我們是有意還是無意中傷害了別人的自尊心，首先要想到補救的良策。因為行動上的積極補救，說明我們還在挽救自己的過錯，聽之任之絕對是不負責任的方法。

一位年輕女主管在一個敞開的辦公環境裡對祕書提出批評性意見，讓這位祕書很不高興。事後女主管主動說Sorry，並對自己一直把祕書當小孩子看待表示了歉意，並感謝她為自己提出了一個好的建議，從此也成為自己的人生經驗。女主管的補救讓她和祕書的關係變得更加融洽。

■ 方法四：為自尊心建個小房子

因為了解了自己對自尊心的保護要求，所以在和他人相處的過程中，可以盡可能為他人的自尊心建一個小房子，那可是真正的保護層，使其與傷害有效隔離。

這個小房子由無數的 Don＇t 組成，比如：不要踐踏尊嚴、不要侵犯隱私、不要公然對峙、不要限制自由、不要主動揭短、不要藐視存在。能做到這些，那麼人際圈中的自尊心自然就得到了保護，也因此理順了辦公室的關係。

■ 方法五：用「自尊心」調動積極性

別以為保護自尊心僅僅是為了和諧關係的考慮，更多的時候自尊心問題處理好了還能帶來意想不到的積極性。小麗是辦公室裡學歷最低的一位同事，她的自卑情結一直很深。

於是她的工作夥伴除了在她的弱項部分幫助她，還在私下交談中提議她繼續學習。小麗對於夥伴的尊重和理解非常感動，也為了更好地回饋團隊，她一邊學習一邊更加努力工作，自信心也變得越來越強。

自尊心人人都有，給自尊心一個房間，或許真是一個不錯的選擇。

＝ 珍惜你所有擁有的，知足才能常樂 ＝＝＝＝＝

我們應該明白一個道理：學會珍惜，學會辯證地看問題是很重要的。很多時候，我們看到的，我們羨慕的，都是別人表面上的生活，卻沒有看到這些風光背後的辛酸和苦澀。

知足常樂，不為生活艱辛而抱怨，珍惜現在所擁有的，懂得惜福，也是一種睿智。

有位哲人曾說：「不要迷失了你的眼睛，珍惜你現在所擁有的生活是最重要的。」的確如此。羨慕別人的生活毫無意義，因為你看到的別人的幸福生活並不一定是你想像的那樣，或許他們也正在羨慕你的生活。所以，不要在不屬於你的幸福的門前徘徊，要知道，你目前的生活才是最適合你的。

　　一匹孤狼在路上踽踽獨行，牠已經好幾天沒有吃到東西了，因為那些看門狗實在是太盡職盡責了。

　　就在牠沿途尋找食物的時候，遇到了一隻狗。這隻狗毛色發亮，強壯而有精神。

　　狼因為幾天沒進食，憋了一肚子的氣，牠很想衝上去和這隻狗打上一架，把牠撕成碎片。可是狼知道自己一點力氣都沒有，如果打鬥，最終吃虧的只可能是自己。

　　於是，牠換作一副和藹可親的樣子走上前去，和狗攀談起來。牠誇讚狗長得很有福相。狗得意地回答道：「其實你也可以和我一樣的，這取決於你自己，只要你離開樹林，到人類的家裡去工作，你就會過上像我一樣的生活。看看你的那些同類，牠們在樹林裡生活得多像乞丐呀！牠們一無所有，得不到免費的食物，一切都得靠自己去爭取。你和我走好了，你會發現你的命運從此將改變。」狼

問道：「那我都需要做什麼呢？」狗說：「很簡單，只要你趕走主人不喜歡的人，奉承家裡的成員，用一些小伎倆討主人的歡心就可以了。這樣你就可以得到各種殘羹剩飯，還有很多美味的骨頭。」

狼聽到這些，覺得狗的生活簡直是太幸福了，於是牠決定跟著狗回家。在半路上，狼忽然注意到狗的脖子上掉了一圈毛，牠問道：「這是怎麼回事？」

狗平淡地回答道：「哦，沒什麼，只不過是拴我的項圈磨掉了我的毛而已。」

狼停住了：「你要被拴著是嗎？也就是說你不能自由地跑來跑去？」

「是的，但這沒什麼。」狗回答道。

「這關係太大了，我寧可不要你的那些美味佳餚，也不願意用我的自由交換。」狼說完，頭也不回地跑掉了。

生活中，有很多人就像故事中的狼一樣，總是抱怨外界因素對自身命運的影響，往往忽視了自己正被幸福所包圍。狗比之狼生活無憂，但別忘了那是拿付出自由為代價換來的。狼雖然命運多舛，但牠擁有自由。

擁有自由也是一種幸福。

幸福，原本就是很虛幻的東西。很難說清到底什麼才

值得我們去珍惜。然而它雖然虛幻，卻並非可望不可及。幸福，就是這麼平平常常、簡簡單單，融匯在生活中的每一點、每一滴中。試想，「空中花園」是一種幸福，然而自己家中的花草不也是「別有一番幸福在心頭」嗎？

　　多少人為了幸福苦苦追尋，卻常常感嘆「幸福太遙遠」。而不經意間，你會發現，其實幸福時刻圍繞在我們身邊。兩位多年未見的老朋友，一位在一家工廠做普通工人，另一位開著 8 家連鎖店，老友相見，自是有很多的感慨。

　　工人對老闆說：「你老兄混得不錯啊，如今要什麼有什麼。」言下之意不免帶著點自嘆不如和悲涼。

　　老闆笑著說：「老弟，我說我過得並不舒服，你可能不信吧？」

　　工人瞪圓了眼睛：「你是不是有點身在福中不知福啊？整天吃的是山珍海味，周圍都是漂亮小姐和高科技人才，到哪裡都是前呼後擁，你還說自己不舒服？」

　　老闆笑著說：「那好吧，你就和我在一起待上幾天試試吧！」

　　工人高興地答應了。誰知，到了第三天，工人主動提出要回家了。老闆再三挽留，工人真誠地說：「本以為你

的生活很舒服，可現在你要和我換我也不要呢！」

　　原來，這兩天工人和老闆寸步不離。老闆一天要接數十個電話。兩天時間，有十幾個小時是在飛機上度過的，剩下的時間是處理公司的各種事務。半夜 12 點鐘，還在陪客戶吃飯、唱卡拉 OK。到了第二天凌晨，一個電話就把人叫醒，新的一天又開始了。所以，工人受不了了，他覺得老闆還沒有他幸福，至少他可以自由支配自己的時間，至少他有充足的休息時間。

　　由此，我們應該明白一個道理：學會珍惜，學會反過來看問題是很重要的。很多時候，我們看到的和我們羨慕的，都是別人表面上的生活，卻沒有看到這些風光背後的辛酸和苦澀。

　　所以，請不要再抱怨你的薪資太少，不要再抱怨你的丈夫不會賺錢，不要再羨慕別人的香車美女，不要再羨慕有錢人揮金如土，因為你不用付出他們那樣的代價，而你目前所擁有的平凡生活卻正是他們求之不得的。

　　總之，學會惜福，珍惜並享受自己所擁有的，也是一種睿智。

將工作當成一種生活方式

一天，一個老婦人走到一幢滿是塵土的建築前，那裡有 3 個強壯的年輕人在辛苦地砌牆。

老婦人問他們在做什麼。

其中一個年輕人非常粗魯地回答道：「你看不到嗎？我在砌磚。這是我每天不得不做的事情。」

一個看起來很老實的人回答道：「我正在做自己的工作。能用這個手藝養家，我感到很快樂。」

看起來最年輕的小夥子充滿熱情地回答道：「哦，我正在建造世界上宏偉的建築！」有人將工作當成謀生手段，因此工作成了人生的累贅；有人將工作當作人生的樂趣，因此他能享受工作。洛克菲勒在給兒子的信中寫道：「如果你視工作為一種樂趣，人生就是天堂；如果你視工作為一種義務，人生就是地獄。」

人生最有意義的就是工作，即便你身處逆境，你也不應該厭倦自己的工作。世界上再也找不到比厭惡自己的工作更糟糕的事情了。假使因為環境因素迫使你不得不做一些令自己深感乏味的工作，你應該想方設法使之充滿樂趣，而不是逆來順受地接受，或是怨聲載道地抱怨。假使

你以積極的態度投入工作，那麼，再乏味的工作，你也能從中體會到樂趣。

一個人的價值，並不以財富和社會地位來展現，而在於你能不能發揮自己的專長，兢兢業業、勤勤懇懇、快快樂樂地工作，過有意義的生活。

人之所以抱怨工作，一個主要原因是他並沒有從事自己感興趣的工作，沒有在適合自己發展的崗位上施展拳腳，這是一個普遍現象，但有志者總是會透過自己的努力，諸如學習來改變現狀。當你透過學習獲取工作經驗、知識後，你的信心也會相應提升。在工作中找到了樂趣，你會更熱愛你的工作，反過來你又會從工作中找到更大的樂趣。

那麼我們具體應該怎樣做，才能讓我們體會到工作就是人生的樂趣，而絕不是謀生的手段？

■ 建設和諧的人際關係

一個人要取得人生的成功，僅靠自己個人形象的好壞以及個人工作成績的優劣，是完全不夠的。在注重個人內外兼修的同時，還應該善於經營人際關係，注意為人的口碑，確保自己可以在社會交往中能夠遊刃有餘。因為人際

關係會影響個人能力的發揮和工作的開展。在現實生活中常常會發現，有的人工作能力雖然較強，但因為處理不好人際關係，工作能力得不到進一步發揮，甚至遭受挫折。而一個善於聽取各種不同意見的人，即使能力平常，卻能贏得人們的好感，使工作順利進行。可見好的人際關係使人們學習、工作等方面能有事半功倍之效能。人際關係直接關係到我們生活的快樂，事業的成敗。沒有良好的人際關係，會使你在社會上立足不穩。可以說，良好的人際關係，是人生成功的重要保證。

■ 建立有效的溝通

在人與人的交往中，有效的溝通與協調是取得互助與合作的基石。有效的溝通能夠消除各種人際衝突，實現人與人之間的交流行為，使員工在情感上相互依靠，在價值觀念高度統一，在事實問題上清晰明朗，達到資訊暢通無阻，改變員工之間訊息阻隔的現象，激勵士氣，減輕恐懼和憂慮，增強團隊之間的向心力和凝聚力，防患於未然，為團隊建設打下良好的人際基礎，因此，提倡各種形式有效的溝通。

■ 隨時學習新知識

當人們不了解一件事的時候，就會覺得這件事非常複雜。也許一項新的工作計劃並沒有想像中那麼複雜，但由於缺少某些方面的知識，就會讓很多人退避三舍。而那些善於學習新知識的人就會透過學習來解決工作上遇到的問題，從而提高自己的競爭力。人一輩子都蘊含著學習的潛力，能夠不斷學習並接受新知識。養成不斷學習的習慣，可以拓寬新的視野，增長新的才能並注入新的活力。

■ 注意勞逸結合

每個人都不是機器，不可能永遠精力充沛、信心高漲，也不可能始終如一地奔跑在人生之路上，這樣的結果通常會透支體力和精力，影響身體健康，甚至造成「出師未捷身先死」的不幸。因此，當我們在為人生的理想勤奮努力時，既要克服惰性這一成功的大敵，又要學會休息，調整身心，及時「充電」、「加氧」以保持旺盛的精力，繼續人生與事業的奮鬥。而不可一味透支健康的「本錢」。

■ 及時獎勵自己

當心情不快時，過度疲勞時，遭遇挫折時，暫時停下來，以各種有益的方式休閒一下，愉悅身心，鼓舞士氣，以再接再厲。這樣就不至於因長期疲勞而最終放棄人生的奮鬥。

要知道，人生的成功不是一朝一夕就能實現的，人活到老就應該追求到老，奮鬥到老。這樣的人生才不會因為惰性而葬送了大好前程，才是有價值、有意義的人生。

═ 學會接受和適應職場中的不公平 ═══════

在職場中，是否有完全的公平呢？不可能！因為公平總是相對的。而且公平的標準是掌握在上司手裡，素養高的上司會嚴格要求自己，盡量做到對下屬公平公正，可是真正要做到百分之百公平，不是那麼容易。有些素養低的上司，在處理事情時往往感情用事，更不能公正地對待下屬。霍小姐剛被提拔為公司宣傳部主管的時候，除薪資增加，其他待遇都沒有變化。一個偶然的機會，她得知財務部主管李小姐的手機費竟實報實銷，這讓她很不服氣！李小姐天天坐在公司裡，從沒聽她用手機聯繫過工作，憑什麼就能報通信費？她認為該爭取的就得爭取。一次，她借

彙報工作之機向老闆提出申請，老闆聽了很驚訝，說：「除了銷售部人員，其他員工不是通信費都不能報銷嗎？」

「可是小李就有呀！她的費用實報實銷，據說還不低呢。」

老闆聽了沉吟道：「是嗎？我了解一下。」

這一了解就是兩個月，按說老闆不回覆也就算了，而且霍小姐每月才 100 多塊錢的電話費，爭來爭去也沒有意思。可是她偏偏就和李小姐較上勁了，見老闆沒動靜，又氣又惱，終於忍不住向同事抱怨，卻被人家一語道破天機：「你是真不知道還是假不知道啊，小李報銷的手機費是老闆祕書的，只不過借了一下小李的名字，免得老闆娘查問。你怎麼那麼傻呀，竟然想用這事和老闆論高低，不是找死嗎？」

霍小姐這才如夢初醒，暗暗責怪自己不懂高低深淺，怪不得老闆見了自己總皺眉頭！從此，她再也不敢提手機費的事，也不對小李眼紅了。其實，就算報銷的手機費是小李的，霍小姐也沒有必要去爭，老闆自有老闆的打算。你不能指望老闆對每一個員工都一樣對待，就算是在各部門主管之間，也不可能絕對公平。對此你不必憤憤不平，等你深入了解公司的運作文化，慢慢熟悉上司的行事風格

後，也就能夠見怪不怪了。

　　總之，對於職場上的種種不公平現象，不管你喜不喜歡，都必須接受現實，而且最好是主動去適應這種現實。追求公平是人類的一種理想，但正因為它是一種理想而不是現實，所以除了適應，你別無選擇。

＝ 放下你的架子，職場的路才會越走越寬 ＝

　　職場上，一些高學歷的求職者也往往被人拒絕，造成這種現象的原因一方面可能是因為他身價太高，別人用不起；另一方面也許是因為他的真實水準還不符合人家的需求，別人不放心用。但不管怎樣，對那些求職者來說，自己一定不能放棄，要知道被自己打敗的人是最可恥的。

　　每年的七、八月份，關於大學生就業的新聞便會充斥報紙版面，數萬應屆畢業生湧入全國大大小小的求職市場，場面之壯觀令人咋舌，這還不包括那些透過網絡、郵件求職或者毛遂自薦的高學歷人士。

　　儘管對薪金的要求越來越低，但大學生就業困難的局面依然是一籌莫展，不說大學生了，即使碩士、博士找不到工作也不再是什麼新鮮事，尤其是那些辛辛苦苦讀了二十多年書，經歷了大大小小無數次考試的博士生，到了

而立之年卻因為眼界過高賦閒在家或者做個虛位的博士後研究生。不難看出，高學歷人群的就業壓力有多大，近年來大學生自殺的消息幾乎充斥於報上，也是明證，這種現象值得我們尤其是正在求職的人們深思和反省。

高學歷卻求職無門，深析其原因的話無非有以下幾點：一是所學專業太窄，大家都擠到一個地方去了，造成人才供大於求就業局面；二是高學歷人群往往書生氣太濃，只懂理論卻不會疏於實踐操作的人太少；三是心氣太高，自認為自己是天之驕子，對工作的要求太高，不願從低處起步。

事實上，不管你有著多高的學歷，要想現出你的價值只有在實踐中才能實現，與你的學歷的高低有緊密的關係卻無必然的關聯。這也就是說你如果不能為社會創造足夠的價值，不能將學歷所代表的水準展現出來的話，你的文憑就只會是毫無意義的廢紙一張，要名符其實還是名不符實，最終還是取決於現實的認可度。

找不到工作，辛辛苦苦讀了十多年或二十多年的書竟然無用武之地，我們去怪誰？

其實誰都不能怪，高學歷生找不到工作是相對的，如果我們的「天之驕子」能夠稍微的彎下腰，那麼大學生的

就業狀況就不會像現在這麼慘淡。

自視過高，放不下架子大概是阻礙高學歷人群就業的一個重要原因，如果不放棄這種錯誤的觀點，不願在把起點放低，從基層做起，那麼高學歷卻找不到工作的現象就只會越來越嚴重。

求職頻繁的造人拒絕，對於高學歷人群來說，大多數人會將原因歸於懷才不遇，卻很少有人會真正從自己身上找原因。抱著高姿態進入社會，卻被無情的門檻碰得眼冒金星，其實這個時候只要你能適度的放下架子，以抬頭先須低頭的低姿態入世，那麼結果可能會大不一樣，有一個廣為流傳的故事，便是對這個道理的最架印證：

一位留學美國的電機領域博士學成後便留在美國找工作。以他的學位頭銜，求職的標準自然高的驚人。但結果卻讓他信心大失，他連連碰壁，好多家公司都沒錄取他。思來想去，他決定劍走偏門：收起所有的學位證書，降低「身段」去求職。

不久他就被一家公司錄取為程式設計助理。這對他來說簡直是大材小用，但他卻做得非常認真，一點也都不馬虎。不久，老闆發現他能看出程式中的錯誤並及時糾正，不是普通的助理可比的。這時他才亮出了大學畢業證，結

果，老闆大喜過望，為他換了個與能力相稱的工作。

　　過了一段時間，老闆發現他時常提出一些獨到且有價值的建議，遠比一般大學生要強，這時他亮出了碩士證書，老闆見後又提升了他。

　　再過了一段時間，老闆覺得他還是與別人不一樣，就對他「質詢」，此時他才拿出了博士證書。這時老闆對他的水準已有了全面的認知，毫不猶豫地重用他，他的成功人生由此便真正的開始了。以博士的姿態求職卻沒得不到別人的聘用，以最低的姿態進入卻逐漸的被委以重任，最後將自己的智慧和才學完全的展示出來，沒有埋沒自己多年辛苦的學業，這個高材生的辦法雖然有偶然的一面，但的確是非常聰明的，他先降下身分和架子，甚至讓別人看低自己，然後尋找機會再全面地呈現自己的才華，讓別人一次又一次地對他刮目相看，他的實力逐漸得到證明。相反，如果剛一開始就讓人覺得你多麼的了不起，對你寄予了種種厚望，可你隨後的表現卻只是及格或者讓人一次又一次的失望的話，那麼便會引起別人的輕視。這種反差效應值得任何人注意。人家對你的期望值越高，就越容易看出你的平庸，發現你的錯誤，相反，如果人家本來並不對你抱有厚望，你的成績總會容易被發現，甚至讓人吃驚，

這就是低姿態求職的好處之所在了。

設想一下，如果你就是那位博士高材生，你會那麼做嗎？你能夠放下自己的架子，以最低的姿態進入，拿最低的薪水，在朋友和親戚異樣的目光中去完成你的工作，你有足夠的勇氣嗎？

別總是怨天不助我，生不逢時，要知道是塊金子，到哪都能發光，這個道理雖然亙古不變，但如果你永遠是將自己放在高空中或者埋藏在泥土裡那就很難被人們觸及或者被人們發現，你的價值也就很難得到實現。對高學歷人士來說，放低身段去進入社會，那麼輝煌的人生或許能更快的創造。

＝ 不要在職場荊棘中迷失你的目標 ＝

職場中並非處處坦途，也有荊棘叢生之處。而在這個瞬息萬變的時代中，員工只有堅定職業目標，才能衝破迷霧，走出迷宮般的「原始森林」。

在職場中，很多人總是害怕前途渺茫，放棄自身求生的努力，喪失了自救的機會；或是退而求其次，在不斷的游移之中，消耗掉了本身的雄心壯志，雖然跟隨著別人走出了原始森林的迷宮，卻失去了探險的勇氣，安於瑣碎而

煩悶的生活。

如果我們失去了自己為之奮鬥的目標，那我們將會變為無根的浮萍，隨著湖面上吹來的風輕輕游移，從而失去自己的方向，失去事業的夢想，我們的做人準則也會不斷地變化，最終失去自己的判斷能力。如此，我們的事業將會變得一團糟。

在職場中，堅定的目標猶如參天大樹腳下的根，能夠牢牢地抓緊自己腳下的泥土，縱使是狂風暴雨，依舊巍然不動。學旅遊管理專業的小瑋，大學畢業後進入了一家公司做助理，平淡而乏味的日子一直讓她很煩惱。可是因為所學專業受限，即使跳槽也很難找到一份令自己滿意的工作。

小瑋有幾個做 IT 的朋友，在與他們的接觸中小瑋發現，雖然他們工作得非常辛苦，但是每一天都過得非常充實，而且做 IT 還是一份薪水很高的工作。於是，她決定選擇一間補習班，學習編程。

身邊的很多朋友都覺得她瘋了，紛紛勸她：「IT 行業是男人的天地，而且你還是半路出家，跟那些科班出身的人是沒法比的。」

但是，她十分有個性地回敬一句：「男人是人，女人

也是人，憑什麼他們可以，我就不行？」

　　雖然話說得容易，但真正學起來卻是十分辛苦的。

　　為了能夠學好編程，小瑋選了一家非常知名的電腦補習班，辭去了專職工作，開始找一些不影響學習的兼職工作。

　　艱難的學習生涯，小瑋終於咬牙挺了過去，但是走出學校的小瑋將面臨自己的第二次擇業。

　　雖然她擁有良好的技術，但是沒有相關專業的學歷證書，這給她帶來了不少的麻煩。但是她明白此時既不能退縮，也不能退而求其次，因為電腦程式技術汰換非常快，如果自己這兩年的所學不能及時應用到工作之中，那這些知識將很快變為「垃圾」，自己的努力和辛苦也將付之東流。

　　正處於苦悶之中的小瑋，接到了一個面試電話。這個電話猶如小瑋的救命稻草，讓她有點欣喜若狂，但是對方接下來的話，又把她打入了「冷宮」。

　　「你就是夏瑋？我看名字還以為是個男生呢？唉，既然是個女生，我們不打算招了。」

　　小瑋聽了很氣憤，但是如果失去這次機會，不知道什麼時候才能碰上。她壓住怒氣，急忙說：「請先別掛電話，

我雖然是個女生，但是這份工作是論能力的，而不是分男女的，我想我有能力勝任這份工作，你們不應該因為我是女生，就連展示的機會都不給我，我希望你們能夠看一下我製作的案例，再來判斷我能不能勝任。」

　　對方大概被她誠懇而堅定的語氣所打動，讓她一週後帶著自己的案例去面試。兩週後，小瑋順利地獲得了這份工作。在當今社會，大多數工作是不分性別的，只要你能力卓越，無論是男是女，都會有一個適合你的職位在等著你。而只有你，無論在在順境中，還是逆境中，始終把握自己選定的目標，堅定不移地走下去，才能抓住屬於你的機會。

　　有人說過：「機遇是一隻狡猾的小老鼠，不到最後關頭，它是不會輕易出現的。」

　　所以，我們要想抓住這個狡猾的小東西，就必須把我們的注意力集中起來。我們不能一會兒在花園裡看見了美麗的蝴蝶，就情不自禁地追了上去；一會兒看見了水中游動的小魚，便喜不自勝地伸出自己的手，去攪動平靜的水面，最後「竹籃打水一場空」。小歡畢業於一所頂大的法律系，在學校中成績不錯的她，和許多法律系學生一樣想成為一個在法庭上舌辯群雄的律師。

可是成為律師的第一關就是考律師證照，而律考每年7%的過關率總是讓人想說愛它不容易。小歡找到一家不錯的律師事務所做助理，她決定在這裡邊做邊學，等待考試。

　　可是，第一次的考試結果不盡如人意，小歡敗北了。她心裡十分懊惱，工作時總是提不起精神來，工作的紕漏也越來越大。她的上司提醒她，如果再這樣下去，她在律師事務所的前途會受到影響。

　　小歡更為沉悶，想換一個工作環境。剛好這個時候，同學所在的一家公司的人力資源部缺人，而且薪水也十分不錯。於是她跳到了同學所在的公司，這裡較為寬鬆的環境使她漸漸忘記了失敗的痛苦。

　　當律考季節再次來臨時，小歡看見從前的同學再次備戰，心癢難當，但是失敗的陰影在她的心裡揮之不散。她害怕失敗之後，連這份安穩的工作都難以保住。

　　兩三年之後，小歡的那些抱著「律師夢」的同學，已經手握律師證在自己的戰場上開疆破土了，個個已經小有名氣。而小歡還在原來公司的人力資源部原地踏步，她看見同學有車有房有自己的事業，不禁黯然神傷：如果當年堅持自己的目標會是什麼樣？職場中，時時刻刻都充滿了

挑戰，也充滿了危機，前進的壓力就像空氣一樣，無處不在，無孔不入。不管你選擇了哪一方面作為職場上你為之努力的目標，你都無法逃避前進中急流的猛烈衝擊。

是逃避？還是承受？

這一切只能由身在迷局中的你來抉擇。

《曹劌論戰》中云：「一鼓作氣，再而衰，三而竭。」職場猶如橫亙在你面前的高山，而你的目標則是山頂迎風傲雪的雪蓮花，如果你想一睹它的絕世容顏，就只能一鼓作氣地登上山頂。

爬過山的人都知道，上山之路，不能停歇，因為爬過一段山路之後，人體十分疲累，停下來之後，再爬起來，不但動作緩慢，而且沒有多久又會選擇休息，這時已不是登山者的身累，而是心累。因此，山頂本來已經近在咫尺，而現在卻隱在渺茫的雲端，而那絢麗的雪蓮也變成了登山者夢中的泡影。

明確而堅定的目標是贏得成功、有所作為的基本前提，因為堅定目標的意義，不僅在於面對種種挫折與困難時能百折不撓，抓住成功的契機，更重要的是即使你身處懸崖峭壁，依然能夠發揮自己巨大的潛能，使自己絕處逢生。

第三章　平衡心態，要學會緩解你的工作壓力

第四章
開放包容，做好人際溝通與合作

第四章　開放包容，做好人際溝通與合作

═ 業績重要，人際更重要 ══════════

　　在一個職場環境裡，若兩耳不聞窗外事，不和主管、同事處好關係，只是一味埋頭苦幹，或許業績會節節攀升，可是自己就會被孤立了，甚至會被扣上清高的帽子。這樣的環境下是不可能升職的。

　　職場人，到底是業績重要還是人際關係重要，很多人都希望自己兩者兼而有之，既要做出良好的業績，也要處理好人際關係。在只有一個選擇的情況下，很多人選擇了要做出業績。

　　不錯，良好的業績是顯示職場成功的一個關鍵。有了好的業績，就可能贏得良好的人際。老闆器重、同事讚賞、下屬聽命、收入暴漲，這些都是好業績帶來的。但是，現在的社會也不乏有做出了業績，因為人際關係處理不當而得不到公司的認可，得不到同事的尊重，反而陷入被動。這樣的實例不勝枚舉。

　　曾經連續三年被評為「銷售業績之星」的林小姐近日接到了公司人事部門「不予續簽勞動合同」的通知，問及其中原因，她說：「在公司裡，與主管處好關係比做什麼工作都重要。」用林小姐的話來說，唯一有資格對你的業

績做綜合評判的是你的頂頭上司，你的銷售額再高，如果與主管處於對峙狀態，主管也會從「團隊建設、是否安心本職」等其他方面挑出毛病，讓你無法安心工作，最終導致銷售業績下滑。換句話說，如果你不屬於主管的直系下屬，又不會討好上司，即使像老黃牛一樣勤懇，你的業績評估也不會好到哪裡去！

超過半數的離職員工是因為直屬上司的關係離職。職場中最基本的生存法則就是和自己的直屬上司保持良好關係，尤其是對那些處在中層的職業經理人更是如此。

人際關係是一門學問，在某種程度上說可能比業績更為重要，試想：一個只會埋頭苦幹卻不會處理關係的人，可能招致別人的嫉妒，也可能招致別人的排擠，從而使自己陷入困境。

如果沒有良好的人緣，與同事相處不融洽，上司縱然賞識也愛莫能助。某公司有一個經理的職缺，董事長準備從現有的主管中提升德才兼備者，替補其缺位。在董事會上，董事長提名了兩名候選人，希望董事們討論決定。然而，董事們都沉默不語，其中有兩位董事顯出一副欲言又止的樣子。會後，董事長找到這兩位董事私下交談，才發現這兩名候選人都令董事們不滿意。一位候選人善

於奉承，愛給有地位的人戴高帽子，而與職員們的關係很不好，儘管他的業務能力很強，卻不適任：另一位候選人雖有碩士學位的高學歷，表面上看來和同事們相處得很融洽，但是他很喜歡建立派系製造「小圈子」，對大多數員工卻冷漠得很。

董事長從員工口中查明屬實之後，決定不提升兩人，而是外聘了一位處世風格合宜的經理。

人際關係是一門學問，很多人尤其是職場新人往往不注重這個，顯示出孤傲的個性，不把別人放在眼裡。而聰明人則完全不同，他們在做出業績的同時，也十分注重處理人際關係，尤其是注意做到謙遜待人，鋒芒不露，贏得別人的尊敬和愛戴。

光有業績的人就像一頭埋頭苦幹的牛，所謂「吃得苦中苦方為人上人」不過是個美麗的童話，打理好人際關係才是通向成功的正確途徑。

曾經有一個送水工人，他在原公司工作了 5 年後辭職，自己開辦了一家新的送水公司，並且很快打敗了作為競爭對手的原公司。他靠什麼取得成功的呢？

每次替客戶送水時，他都會跟客戶聊聊天，久而久之關係越來越好。他試探性地問客戶，假如他開一家送水公

司客戶會不會買他的水，客戶的答覆是肯定的。因此，他下定決心自己創業，最終取得了成功。毫無疑問，取勝的關鍵就在於他抓住了他的客戶，在人際方面的努力取得了成效。

試想一下，一個普普通通的送水工人，他能做出什麼業績？每天勤勞地多賣點力氣多送點水？他的未來會指向何方？

畢竟，這個社會大部分人都是普普通通的工薪階層，想往上爬是一件很困難的事。業績？你能做出多少業績？一個人的力量能有多強大？沒有了人際關係的支持，周圍都是一片反對之聲，走到哪裡都受人排擠，你能在這樣的環境下做出業績？

要處理好人際關係必須做到幾點：首先是和公司管理層的關係，既要高水準地完成自己的任務，還要懂得尊重主管。年輕的職場人還要注意自己，不要鋒芒太露。其次，要處理好與同事的關係。對待同事要真誠，要樂於幫助他人，在與同事相處的過程中，不能只看到別人的缺點，而看不到他人的優點。只有善於接納他人、勇於容忍他人缺點的人，才能贏得大家普遍的尊重。第三是對待自己的下屬，要善於換位思考，經常把自己置身於下屬的位

置，考慮自己安排的工作是否合理，而不是強求。更要懂得尊重下屬，尊重他們的人格，而不能經常批評甚至不顧場合地臭罵自己的下屬。

假使，你在職場中，人際關係錯綜複雜，甚是廣泛，無貧富、學歷、身分的干擾，那麼恭喜你，你在職場中亦可遊刃有餘。因為人際甚於業績。

═ 學會與同事融洽地相處 ═════════

某位先生剛剛調入部門一個月，一個月來由於他處處小心做事，逢人笑臉相迎，所以同事們對他的態度也頗為友善，不曾遇到他所擔心的任何麻煩。

一次他和一位同事談得很投機，便將一個月來看到的不順眼、不順氣的人和事通通向這位同事和盤托出，甚至還批評了科裡一兩個同事的不是之處，藉以發洩心中的悶氣。

不料由於對這位同事了解甚少，這位同事竟是個翻雲覆雨之人，不出幾日便將這些「惡言」轉達給了其他同事，立刻令這位先生狼狽至極，也孤立至極，幾乎在部門裡沒了立足之地，這時這位先生才如夢初醒，悔不該一時衝動沒管好自己的嘴，忘記了「來說是非者，必是是

非人」這樣一個淺顯的道理。人類的社會性活動決定了每個人都直接或間接地需要他人的支援、配合與幫助，這種人與人之間的相互連繫形成了人際關係。團隊成員雖然同處於一個集體中，但彼此關係的密切程度各不相同。如何與同事融洽地工作，是團隊建設過程中需要重點解決的問題。

同事是與自己一起工作的人，與同事相處得如何，直接關係到自己的工作，事業的進步與發展。如果同事之間關係融洽、和諧，人們就會感到心情愉快，有利於工作的順利進行，從而促進事業的發展。反之，同事關係緊張，相互拆臺，經常發生磨擦，就會影響正常的工作和生活，阻礙事業的正常發展。

一直以來，如何與同事相處都是辦公室政治的中心內容，那些善於處理同事關係，巧妙贏得同事支援的人總能在辦公室中玲瓏八面，安然生存；而那些自命清高，不屑或者根本不會與同事「周旋」、來往的人，則免不了時時被動挨打，舉步維艱。

越來越多長久深陷於同事圈，早已習慣成自然的人們領悟到：若想在事業上獲得成功，在工作中得心應手，就不得不深諳同事間相處的學問。

具體該如何做？

■ 站在對方的立場考慮問題

要打理好同事關係，就要學會從他人的角度來考慮問題，善於做出適當的自我犧牲。要處處替他人著想，切忌以自我為中心。

我們在做一項工作時，經常要與人合作，在取得成績之後，我們也要讓大家共同分享功勞，切忌處處表現自己，將大家的成果占為己有。提供給他人機會，幫助其實現生活目標，對於處理好人際關係是至關重要的。

替他人著想應表現在當他人遭到困難、挫折時，伸出援助之手，給予幫助。良好的人際關係往往是雙向互利的。你給別人種種關心和幫助，當你自己遇到困難的時候也會得到相應的回報。

■ 牢騷怨言要遠離嘴邊

不少人無論在什麼環境裡，總是怒氣衝天、牢騷滿腹，總是逢人便大倒苦水。儘管偶爾一些推心置腹的訴苦可以構築出一點點辦公室友情的假像，不過像祥林嫂般地嘮叨不停會讓周圍的同事苦不堪言。也許你自己把發牢騷、倒苦水看作是與同事們真心交流的一種方式，不過過

度的牢騷怨言，會讓同事們感到既然你對目前工作如此不滿，為何不跳槽，去另尋高就呢？

■ 遠離流言蜚語

「為什麼 ×× 總是和我作對？這個人真的很煩！」、「×× 一直針對我，不知道我哪裡得罪他了！」……辦公室裡常常會飄出這樣的流言蜚語。要知道這些流言蜚語是職場中的「軟刀子」，是一種殺傷性和破壞性很強的武器，往往造成對受害人心理的傷害，它會讓受傷害的人感到厭倦不堪。要是你非常熱衷於傳播一些挑撥離間的流言，至少你不要指望其他同事能熱衷於傾聽。經常性地搬弄是非，會讓公司其他同事對你產生一種避之唯恐不及的感覺。要是到了這種地步，相信你在這間公司的日子也不太好過，因為到那時已經沒有同事把你當回事了。

■ 低調處理內部糾紛

在長時間的工作過程中，與同事產生一些小矛盾是很正常的事情。如何處理這些矛盾呢？這需要一定的技巧。這個時候，你得注意方法，盡量不要讓你們之間的矛盾公開激化，不要表現出盛氣凌人的樣子，非要和同事做個了斷、分個勝負。退一步講，就算你有理，要是得理不饒人

的話，同事也會對你敬而遠之，覺得你是個不給同事留餘地、不給他人面子的人，以後也會在心中時刻提防你，這樣你可能會失去一大批同事的支持。此外，被你攻擊的同事，將會對你懷恨在心，你的職業生涯又會多一個「敵人」。

■ 善於讚揚別人

要胸襟豁達，善於接受別人及自己，要不失時機地讚揚別人。你要學會坦誠相待，以心換心，用你的真情去換取朋友、同事的信任和好感。

但須注意的是讚揚別人時要掌握分寸，不要一味誇張，從而使人產生一種虛偽的感覺，失去別人對你的信任。

■ 靈活應酬

吃喝應酬要講究技巧，不要等用到別人時才想起「交流」。

如果你剛領了獎金，不妨來個觀音請羅漢，「這個獎也有大家的功勞，今天我請客」，這話誰都願意聽。千萬別忘了要平等待人，自大或自卑都是同事間相處的大忌。同事請客通常能去則去，不能去則要說明情況。

■ 競爭含蓄

面對晉升、加薪，應拋開雜念，不要手段、不玩技巧，但絕不放棄與同事公平競爭的機會。

不要將辦公室裡的地位和利益競爭表現得過於赤裸，那樣會招來無關同事的反感，影響你的形象，也會給你的競爭帶來不利。真正明智的競爭應該是厚積薄發，暗裡用勁，那樣才不至於與同事在面子上弄得太僵。

面對強於自己的競爭對手，要有正確的心態；面對弱於自己的，也不要張狂自負。如果與同事意見有分歧，則完全可以討論，但不要爭吵，應該學會用無可辯駁的事實及從容鎮定的聲音闡述自己的觀點。

■ 作風正派

作風正派包括勤奮、廉潔的工作作風和正派的生活作風。只有勤奮工作並盡可能把工作做出色的人，才不至於被同事視為累贅，同事才樂於與你交往。而廉潔自律，不以權謀私則是能取得他人尊重的主要依據。在生活作風方面，無論男女都要正派，不要放縱自己。沒有私生活的汙點，被造謠的機會必然會大大減少。

第四章　開放包容，做好人際溝通與合作

═ 如何正確處理與同事的競爭關係 ═══════

　　同事之間最難以面對的就是競爭關係，你在競爭中處於優勢，無疑就能顯示出同事的劣勢，造成他心理上的不平衡，遇到豁達大度的同事還無關緊要，但是如果碰到好勝心較強的同事，那就很難與其相處，很難讓其喜歡了。

　　競爭對於同事關係的影響在一些合資公司，特別是外資公司裡極為明顯。追求工作效益，希望贏得老闆的好感，早日升職加薪，以及其它種種利害衝突，使得同事間自然存在一種競爭關係。而這種競爭在很大程度上又不是一種單純的真刀實槍的實力較量，而是摻雜了個人性格衝突、與上司的關係等等複雜因素。它是一種變形的扭曲的競爭，其中有多種可能影響同事關係的因素：表面上大家和和氣氣，內心裡卻可能各打各的算盤。利害關係導致同事之間關係極為緊張。

　　處理同事之間的競爭關係，好比行走在沼澤地一樣，稍有不慎就會陷入泥坑裡不可自拔，別說讓同事喜歡，即使最簡單「井水不犯河水」也很難做到，當然，這種競爭關係不是不難處理好的。美國史丹佛大學心理系教授認為：「人人生而平等，每個人都有足夠的條件取得成功，

但必須懂得一些處理競爭關係的技巧。」，他提出如下 5
條建議：

> 無論你多麼能幹，多麼自信，也應避免自傲，更不要
> 讓自己成為一個孤家寡人。在同事中，你需要找一兩
> 位知心朋友，平時大家有事能商量。

> 要想成為眾人之首，獲得別人的敬重，你要小心保持
> 自己的形象，不管遇到什麼問題，不必驚惶失措，凡
> 事都有解決的辦法。你要學會處變不驚，從容面對一
> 切難題的本領。

> 當你發現同事中有人總是跟你抬槓時，不必為此而耿
> 耿於懷，這可能是「人微言輕」的關係，對方以「老
> 前輩」自居，認為你年輕而工作經驗不足，你應該想
> 辦法獲得公司一些前輩的支持，讓人對你不敢小視。

> 凡事須盡力而為，也要量力而行，尤其是你身處的環
> 境中，不少同事對你虎視眈眈，隨時準備找出你的錯
> 誤，你需要提高警覺，按部就班把工作做好，是每一
> 位成功主管必備的條件。

> 利用時間與其他同事多溝通，增進感情，消除彼此之
> 間的隔膜，有助於你的事業發展。

依照以上建議去處理與同事的競爭關係，那麼你就會覺的同事之間並不一定就是敵人，你們同樣可以攜手合作，取得雙贏，最重要的是你能很好的與同事相處，讓同事喜歡，為企業的整體發展做出貢獻，而最終你個人的成功也就是水到渠成的事了。

═ 同事晉升後的相處之道 ═

　　「小錢，你有空嗎？我們來談談銷售方案的事。」蔣經理手裡拿著一份計畫書，走到錢軍辦公桌前對他說。

　　「沒問題。」錢軍爽快地答應。

　　三年前，錢軍和蔣鋒一起加入這家軟體公司，同樣從銷售代表開始做起。不過，三年之後，蔣鋒已經成為銷售部的銷售主管，而錢軍的職位仍然原地踏步。

　　雖說世態炎涼，可是蔣鋒還是和以前一樣把錢軍當成自己昔日並肩作戰的好友 —— 無論是大大小小的方案，都會參考錢軍的建議，徵求錢軍的反饋。

　　對於這一點，錢軍自然心存感激 —— 畢竟，蔣鋒現在已經是自己的頂頭上司，「不恥下問」的故事只聽說過，親身經歷還是第一次。

　　這年頭，千里馬有的是，伯樂確越來越少了。

但是，唯一讓錢軍覺得不安的是，彷彿無意之中，他和蔣鋒之間猛然會聳立起一道不可逾越的屏障。

這次會談也不例外。

兩人一坐下來就緊鑼密鼓地投入到銷售方案的構想中，儘管你來我往中難免各執一詞，但創意的火花往律就是在這一瞬間迸發出來的。

不知不覺中，時間已經過去了一個小時。

蔣鋒看了一眼手錶，發現時針已經指向 11 點，這才感覺有些口渴。

「給我倒杯水去。」他脫口而出。

錢軍一愣。

他從熱烈的討論中出來，左右看了看 —— 除了他們兩個人，再沒有其他人了。

睜大了眼睛看著面前的蔣鋒，彷彿是在詢問：你指的是我嗎？

蔣鋒也才意識到自己的失語，尷尬地笑笑：「說得太順了，又把你當成我的祕書小梅了。」

錢軍也連忙換成一副笑臉：「一樣的，一樣的，我去倒水也一樣。」

「這哪可以？」蔣鋒一把攔住，「我們兄弟可不能來

這一套。你也來一杯吧，綠茶還是紅茶？」

「還是我來。」錢軍似乎覺得不妥，「哪有經理幫下屬倒茶的道理。」

「不是說好了嗎？」蔣鋒說，「私下我們可不分什麼經理不經理的，怎麼又和我客氣起來了？」

話雖這樣說，可是類似的尷尬總是讓錢軍覺得有些不自在。

而更尷尬的還在後面。

就在蔣鋒去倒茶的時候，桌上的電話響了。

蔣鋒回過頭，示意錢軍先接聽，自己趕緊去忙著沏茶。

「喂？」電話那頭的聲音很洪亮，「是蔣經理嗎？」

「不是，蔣經理剛走開，一分鐘就會回來。請問您是哪位？」錢軍回答。

「我是臺北 XX 公司的老趙，想和他談談下半年合作的事。」對方正說著，蔣鋒已經回來，連忙接過電話，「是趙經理啊，好久沒有和您聯繫了，最近一切還好吧？」

「都很好，就是一直太忙沒有抽出時間和您聯繫。」趙經理回答，「對了，你怎麼換祕書了？還是個男的？原來的祕書呢？小梅不是做得好好的嗎？」

趙經理的聲音很大，錢軍的距離又很近，對話一字不漏地傳到他的耳朵裡。

「祕書？男祕書？」錢軍心裡滿不是滋味。

「不，不是的，趙經理。」蔣鋒連忙解釋，「其實是這樣的……」

錢軍已經不想再聽下去。從同事到上司已經讓他覺得渾身不自在了，怎麼現在又從同事到了祕書 —— 儘管這只是個誤會。如果換成是你，你會怎麼做？

> ➤ 若無其事地繼續留在經理辦公室。別人怎麼看不重要，重要的是自己怎麼看。同事成為上司不一定會是壞事，關鍵是自己保持怎樣的心態。

> ➤ 和經理打個招呼先藉機離開，盡快脫離這尷尬的局面。以後最好和經理說明，工作的時候還是維持上司下屬的關係，而在生活上做朋友比較恰當。

> ➤ 為了避免以後再發生類似的事情，還是另擇他處 (例如其他部門、其他小組或者其他公司)。

這樣選擇的結果：錢軍向正在打電話的蔣鋒打了個手勢，指了指門口的方向。蔣鋒點了點頭，示意他可以先忙自己的事了。

下班後，蔣鋒請錢軍吃飯，當面向他表示道歉。

　　「這哪需要道什麼歉！」錢軍一臉堆笑，「你不說，我都根本記不起來了。」

　　「客戶在那裡胡亂猜測，你千萬別介意。」

　　「管他說什麼，我們明白就行了。」

　　「你能這麼想就太好了。」蔣鋒喝了口酒，「我還真擔心因為這會傷了我們的感情。」

　　「不會，絕對不會！」錢軍跟著端起酒杯，「不過，我倒有個小建議。」

　　「你說來聽聽。」

　　「是這樣的。」錢軍仰頭一飲而盡，「私底下我們還是好朋友，無論喝酒打球，什麼時候都隨叫隨到；可是，在工作上，我覺得這樣不分大小好像不妥當。」

　　「什麼大小，哪有什麼大小？你怎麼又提這一套了？」

　　「不、不、不。」錢軍一連說了三個「不」字，「我們多年的朋友了，我也不來虛的。我這樣做並不是要劃清界線什麼的，實在是為了工作著想。如果我們在工作上仍然不分大小，一來其他員工會有意見，說你厚此薄彼，二

來上司也會有意見，說你待人不公。你想想，是不是這樣？」

「嗯……」蔣鋒沉思著。

「你放心，」錢軍拍著胸膛保證，「這樣做絕不會影響我們之間的關係；相反，還能讓公司覺得我們公私分明、立場堅定。」

「說得確實有一定道理。」蔣鋒點點頭。

「這麼說來，你是同意了？」錢軍舉起酒杯，「來，乾！就這麼說定了。」

一年後，蔣鋒因為業績出色和主管賞識晉升為營銷總監，而錢軍也順理成章地成為營銷部門的銷售主管。當原先地位平等的雙方中有一方成了老闆，為了避免這種變化傷及友誼或破壞工作職責，雙方應該互相交流彼此的感受：如果你是那個該向對方彙報工作的人，你是生氣、嫉妒、憤怒，還是為你的朋友感到高興？也許你正體驗著上述全部的感受，也許只是其中的一些，那麼你打算獨自品嘗這些滋味嗎？還是你打算一次性說出你的全部感覺——你和你的朋友一樣有資格，你應該晉升，而不是你的朋友。

不妨參考以下建議：

> ➤ 關於如何處理這種情形其實並沒有正確答案，既然你知道你的「上司朋友」在多大程度上願意和你分享這種體驗，你也知道公開你自己的感受究竟會促進還是妨礙你們的前途和工作。對於有些人來說，向中立的協力廠商大倒苦水似乎是一個較好的策略。而我覺得，較好的做法是寄一張賀卡，約你的朋友出去吃飯，送一籃水果慶祝他的晉升，透過這些來表示對他上司身分的認同。

> ➤ 假如你先於你的朋友獲得晉升，要有準備，你的升遷可能會招致對方的嫉妒。嫉妒不會使友誼終結，但卻會使雙方都很不舒服。假如你還想維持這段友誼，而且你們之間還有很深的感情，你可以考慮主動找你的朋友，談談你的朋友對你們之間工作關係變化的感受，談談是否有一些問題需要提出來，從而使你們能更有效地合作。

═ 善待對手，失敗者也需要尊重 ═══════

　　對手之間不可避免的會產生競爭，既為競爭，就一定會分出勝負，即使是雙贏，也會有大小之分。因此要想與對手處理好關係，在取得勝利時就千萬不能過於囂張，要

善待失敗的對手，尊重他的成績，留給他一份尊嚴。

1991 年 7 月 1 日晚，在法國阿斯克新城舉行的國際田競賽，吸引了兩萬多觀眾，他們主要是來觀看美國的卡爾·路易斯（Carl Lewis）和加拿大的班·強生（Ben Johnson）於漢城奧運會後首次在 100 公尺賽跑中較量。班·強生在漢城奧運上，因服用違禁藥物，被取消成績，判罰停賽兩年。今年復出，兩人再次同賽角逐，格外引人注目。

但比賽結果出人預料，冠軍易人，美國另一名好手米切爾（Dennis Mitchell）摘取了桂冠，卡爾·路易斯獲亞軍，而班·強生只列第 7 名。儘管如此，曾獲 6 枚奧運會金牌的卡爾·路易斯對能擊敗班·強生而感到滿意。

賽後，班·強生想跟卡爾·路易斯握手，但遭到拒絕，給了班·強生個難堪，使其大失面子。

眾所周知，在 1988 年漢城奧運會上，班·強生以 9 秒 79 的驚人成績，創造了「下世紀的記錄」。當時，也是這次 100 公尺決賽的終點處，卡爾·路易斯走上前來同他握手，表示祝賀，但他卻有意視而不見，傲慢地一扭頭擦肩而過。

細心的觀眾都會記得這段經過，這一次輪到自己頭上了，班·強生失敗後，被卡爾·路易斯還以顏色，也可謂是「以其人之道，還治其人之身」。

如果說卡爾‧路易斯不給班‧強生面子的話，那班‧強生是不給對方尊嚴，所以他會以其人之道把治其人之身。

對於班‧強生來說，當年鼎盛時期，自覺八面威風，不可一世，經常出言不遜，惡語傷人，而今，記錄被取消，又剛剛「刑滿釋放」，名利全無，且成績平平，才想起去尊重他人，雖然「亡羊補牢」，未免晚矣，早知今日，又何必當初呢？

任何人的成敗得失都是暫時的，相對的。世界上不存在永久的絕對的成功和永久的絕對的失敗。

此時，你成功對手失敗，將來完全可能你失敗對手成功。此時，你成功對手失敗，你如果能真誠地理解他援助他，他日你失敗對手成功之時，你當然也能得到他的理解和援助。只有求得這樣一種和諧平衡的競爭關係，與對手互相理解互相援助，才能免去許多不必要的煩惱和痛苦，你在人生的旅途上才會越走越寬闊，越走越舒暢。

況且，你此刻成功的本身，焉知其中沒有包藏著失敗的因素？比如，現在看來幸福的戀愛，焉知不是一次不幸婚姻的開始？火藥被發明出來，它可造福人類，它也為人類帶來了無窮的禍害。樂極生悲之事天天都在發生。他此

刻的失敗，將是他的成功之母。塞翁失馬安知非福？無數成功者都崛起在他慘敗的時候。

如果你把成敗得失放在時間之舟去稱量，就會更加透澈地領悟它對人生意味著什麼，從而更清楚地懂得你該怎樣對待失敗的同事。

人生的所有成敗得失，其實都是過去生命的說明，都是必然的存在，對人們的現在和未來並不發生直接的意義。所有人的未來都是一個未知數，一個空洞，都靠人的未來去描寫和填充。

在這裡，成功的你和失敗的他站在同一條未來的起跑線上，你並比他多半個小時。在未來的某一瞬間，你可以衝在他之前也可以落在他之後，結果完全取決於在彼一瞬間與此一瞬間這段時間裡，你和他各自如何作為。在這段時間裡，成功也許成了你的包袱，拖累你，牽連你，使你無法奮飛。失敗也許成了他的動力，催他自新，催他奮起。你和他完全平等，難分軒輊。你們以後的競爭與合作一如往日，你絲毫不會比他輕鬆。

只有當你這麼理解成敗和時間的關係，你與失敗者的關係的時候，你才能與失敗的同事真誠地相處，真誠地理解和合作，自然而然，不存半點虛偽和做作，更不見傲慢

和清高。實現這種心境的最大前提是你總是放眼未來，總是只把成功當作基石，當作一切序幕，總是期待著自己好戲還在後頭。只有看出了你是如此地真誠，失敗的同事才能真心地羨慕你、祝賀你。

═ 透過合作增強競爭優勢 ═

　　心理學上有這樣一個經典的實驗：心理學家隨機地將參與實驗的學生，以兩人為一組，分成若干組。接著，學生們被要求從 1 至 100 中隨意挑選一個數字寫在紙條上。如果一組中的兩個人的數字之和剛好等於 100 或者小於 100，那麼，他們就可以得到自己寫在紙上的錢數；如果兩個人寫下的數字之和大於 100，那麼他們就要各自付出自己寫在紙上的那麼多錢。結果，幾乎沒有哪一組的學生寫下的錢數之和小於 100，都為此付出了相應的錢數。

　　社會心理學家認為，人與生俱來有一種競爭的天性，每個人都希望自己是比較強大的那個，都不能容忍自己的對手強過自己。因此，當彼此間發生利益衝突時，往往會選擇競爭，即使拚個兩敗俱傷也在所不惜；就是在雙方有共同利益的基礎上，人們也傾向於選擇競爭，而不是「合作」。這種現象被心理學家稱為「競爭優勢效應」。

一隻河蚌舒服地張開殼在晒太陽。不料,一隻鷸飛過來去啄牠的肉。河蚌非常氣憤,心想:「你有利嘴就可以來啄我嗎?今天,我非要讓你知道我的厲害不可!」於是,河蚌急忙合起自己的殼,緊緊地鉗住鷸的嘴。鷸掙扎了幾下,但掙脫不了,想了想就對河蚌說:「今天不下雨,明天不下雨,你遲早死在這裡。」河蚌一聽之下,更加生氣,就說:「今天不放你,明天不放你,你總會活活餓死。」就這樣,兩個誰也不肯鬆口。剛好一個漁夫路過這裡,看見這種情景,便不費吹灰之力地把牠們一起捉了起來。

其實,即使與對手同歸於盡,也不想讓給對手的強烈競爭心理在人的身上表現得更加明顯。利益衝突會導致人們優先選擇競爭,這是理所當然的事情,然而,在有共同利益的情況下,人還會選擇競爭,這有可能嗎?

戰國時,有一群「賢人志士」相聚在趙國,商量著去攻打秦國。秦昭襄王得到消息後非常擔憂,就把范雎招來,問他有沒有辦法可以應付。

范雎笑了笑,說:「大王不必擔憂,微臣自有辦法。」

於是,范雎帶重金來到趙國,在武安大擺擂臺,凡優勝者就能得到黃金。結果一時之間,這些賢人志士們紛紛

上播臺爭奪黃金，本來志同道合的他們，反而因為打播臺而成了仇人。就這樣，范雎用重金作為獎勵他們爭鬥起來，從而化解了秦國的危機。

由此可見，即使在擁有共同利益的基礎上，人也會因為利益分配的不平均，以及長期利益與即時利益的矛盾，而選擇競爭。

除此之外，心理學家還認為，溝通不充分也是人們選擇競爭的一個重要原因。試想，如果雙方能就利益分配問題、合作原則問題進行商量，達成共識，那麼合作的可能性就會大大增加。由於「競爭優勢效應」的存在，合作自然發生並得以維持的可能性微乎其微。為了杜絕「競爭優勢效應」帶來的惡性競爭的危害，往往需要雙方都能理性的考慮問題，以長遠利益為重努力促成合作。

一般說來，雙方力量懸殊，比較容易達成合作。因為，劣勢的一方出於無奈而不得不和強者聯手以完成任務，而強勢的一方由於弱勢的一方太弱小，不足以讓他產生競爭意識，而願意與之合作。

那麼，如果雙方實力相當，對彼此都具有強烈的競爭意識的時候，我們應該怎樣才能達成合作呢？

➤ **溝通**：溝通越有效，合作的可能性也越大。良好的溝通能夠傳達給對方合作的意向，消減彼此的競爭心理。

➤ **注意挑選合作的對象**：因為一個人的個性在很大程度上影響著其採取合作還是競爭。通常情況下，成就動機強、好強的人更容易選擇競爭，而交往動機強、謙虛的人更傾向於合作。

➤ **推崇「雙贏」**：合作的目的就是雙贏，是讓我們每個人都得到成功。雙贏的推崇能夠減少「競爭優先」帶來的負面影響。

要消除「競爭優勢效應」的消極作用，就要努力促成合作，推崇雙贏理論。合作能夠使我們擁有更加廣闊的空間，擁有更多的可能性，擁有更高的成功概率。因此，與人合作已經成為了現代人一個必不可少的能力。

═ 與你的同事分享成果與榮耀 ═

職場中的成功者都明白這樣一個道理：一個人分享成果與榮耀，持一種「吃獨食」的心態，往往會引起其他人的反感，從而為下一次合作帶來障礙。

第四章　開放包容，做好人際溝通與合作

　　正確對待成果與榮譽的三種方法是：感謝、分享、謙卑。我們要強調是分享，與人分享是一種獲得別人真誠合作的大智慧。

　　美國有家羅伯德家庭用品公司，八年來生產發展迅速，利潤以每年18%～20%的速度增長。這是因為公司建立了利潤分享制度，把每年所賺的利潤，按規定的比率分配給每一個員工，這就是說，公司賺得越多，員工也就分得越多。員工明白了「水漲船高」的道理，人人奮勇，個個爭先，積極生產自不待說，還隨時隨地地挑剔產品的缺點與毛病，主動加以改進。

　　與人合作，有福同享，有難同當。當你在工作和副業上做出點名堂，小有成就時，這當然是值得慶幸之事，你也應該為自己高興。但是有一點，如果這一成績的取得是大家團體的功勞，或者離不開他人的幫助，那你千萬別獨占功勞，否則他人會覺得你好大喜功，搶占了他人的功勞，如果某項成績的取得確實是你個人的努力，當然應該值得高興，而且他人也會向你祝賀。但對於你來說，千萬別高興得過了頭，一來可能會傷害有些人的自尊心，另一方面，現實社會中害「紅眼病」的人不少，如果你過分狂喜，能不逼得人家眼紅嗎？

有一位卡凡森先生很有精力，他是一家出版社的編輯，並擔任裡面一個雜誌的主編。平時在公司裡上上下下關係都不錯，而且他還很有才氣，工作之餘經常寫點東西。有一次，他主編的雜誌在一次評選中獲了大獎，他感到十分榮耀，逢人便提自己的努力與成就，同事們當然也向他祝賀。但過了幾個月，他卻失去了往日的笑容。他發現公司同事，包括他的上司和屬下，似乎都在有意無意地和他過意不去，並回避著他。

過了一段時間，他才發現，他犯了「獨享榮耀」的錯誤。就事論事，這份雜誌之所以能得獎，主編的貢獻當然很大，但這也離不了其他人的努力，他們當然也應分享這份榮譽。他們不會認為某個人才是唯一的功臣，總是認為自己「沒有功勞也有苦勞」，自己「獨享榮耀」，當然會引得別人不舒服，尤其是他的上司，更會因此而產生一種不安全感，害怕失去權力。

所以，當你在工作上有特別表現而受到肯定時，一定要長點「心機」，千萬要記住一點 —— 別獨享榮耀，否則這份榮耀會為你的人際關係帶來障礙。當你獲得榮耀時，應該做到以下幾點：

與人分享：別人或許不羨慕你得了多少利潤，而是那

種取得成績的感覺，你應主動和口頭上感謝他人的幫助與合作。你主動與人分享，這讓旁人有受尊重的感覺，如果你的榮耀事實上是眾人協力完成，那你更不應該忘記這一點。你可以採取多種方式與人分享，如請大家吃幾顆糖，或請大家吃一頓。這樣大家就不會說什麼了。

感謝他人：要感謝同仁的協助，不要認為這都是自己的功勞。尤其要感謝上司，感謝他的提拔、指導、授權。如果實情也是如此，那麼你本該如此感謝；如果同仁的協助有限，上司也不值得恭維，你的感謝也有必要，雖然顯得有點虛偽，但卻可以使你避免成為他人的箭靶。為什麼很多人上臺領獎時，他們首先要講的話就是：「我很高興！但我要感謝……」，道理就是如此。這種「口惠而實不至」的感謝雖然缺乏「實質」意義，但聽到的人心裡都很愉快，也就不會妒忌你了。

為人謙卑：得了榮譽，當然要沾沾自喜，有些人往往還會得意忘形。這種心情是可以理解的，但旁人就遭殃了，他們要忍受你的氣焰，卻又不敢出聲，因為你正在鋒頭上。可是慢慢的，他們會在工作上有意無意地抵制你，讓你碰釘子。因此有了榮耀時，要更加謙卑。不卑不亢不容易，但「卑」絕對勝過「亢」，就算「卑」得過分也沒

關係，別人看到你如此謙卑，當然不會找你麻煩，和你作對了。

　　當你獲得榮耀時，對他人要更加客氣，榮耀越高，頭要越低。另一方面，別老是提及你的榮耀，說得多了，就變成了一種自我吹噓，既然你的榮耀大家早已經知道，那你何必要總是提及呢？成功者往往不會獨享榮耀，說穿了就是不要去威脅別人的生存空間，因為你的榮耀會讓別人變得黯淡，產生一種不安全感。而當你獲得榮譽時，你去感謝他人、與人分享、為人謙卑，這正好讓他人吃下了一顆定心丸，人性就是這麼奇妙，沒什麼話好說。因此，當你獲得榮耀時，一定要記住以上幾點。如果你習慣了獨享榮耀，那麼總有一天你會獨吞苦果！

═ 勇於彰顯你的個性與魅力 ═

　　在一個資訊爆炸的時代，人們每天都要獲取大量的資訊。當海量的資訊決堤般襲來，人們往往被紛繁複雜的資訊大潮搞得暈頭轉向，沒有特色和價值的資訊根本進入不了人們的視野，也存儲不到人們的頭腦之中。人們對資訊的反應，決定了職場中人在人際交往中，想要別人長時間記住自己，就必須巧妙地突出自己的個性和特點，注重打

造個人魅力，讓自己最突出的個性成為對方記憶的焦點。張顯就像她的名字一樣，無論何時何地，她都不是那種陷在人堆裡找不著的人。

剛到公司的時候，她穿著手縫的寬襯衫，留著過長的頭髮，走起路來身形瘦弱，個性十足，給人驚鴻一瞥的印象，讓所有見過她的人都有興趣定下神來再細細觀察這名同事。

後來，她火速辦理好了入職手續，有了自己的工作位置。她要讓自己的工作位置也個性十足，大家看到她的電腦桌面，沒有用常規、通用的圖片，而是精選了看起來就很「潮」的圖片，慢慢的，從上班第二天開始，張顯就不斷地刺激了大家的眼球。

從閃光的亮皮包，誇張的手機吊飾，到窗簾布一樣的裙子，淺綠色的指甲油，張顯肆無忌憚地安置著她的環境。無可否認的是，她的工作位置給人的感覺也非常特別，總讓人走到那裡的時候，就想停下來看一看。大家都是黑灰色的辦公椅，只有張顯專門用嫩黃的天鵝絨把椅子包起來，上面還放一個絨毛的可愛靠墊。

張顯享受著自己的個性，而且這種與眾不同並沒有被周圍的同事視為「眼中釘」，反而因為頗為張揚的個性獲

得了更多欣賞。上司甚至無限度地寬限張顯，在公眾場合還開玩笑說，張顯把辦公室當家一樣用心的布置，這是值得鼓勵的。於是，張顯也成了大家集體呵護的對象，對於張顯的很多裝扮和新鮮的提議，大家都沒有任何意見，大家保護她的個性，像保護自己對個性的夢想一樣。

張顯發出閃亮的光，照亮了周圍。後來有一次，一名客戶來公司走了一圈，張顯就給他留下了深刻的印象，那一期的人物故事正巧需要對這名客戶做些採訪，客戶明確地指出採訪交給張顯來負責。事實證明，張顯不負眾望，她時尚優雅的形象，新穎的採訪方式，還有不拘一格的閒聊式問答，都讓客戶非常滿意，她不但順利完成了採訪任務，還給公司帶來了良好的經濟收益和聲譽。

後來，但凡有挑戰性的採訪，主任腦海裡的第一個人選就是張顯，張顯也自由自在地發揮著自己的個性。

不多久，張顯就成了一個指標，一個單調的人物採訪刊物依然保持活力的指標，她樂於成為這種指標。鮮明的個性讓她給所有人留下了深深的印象，也幫助她累積了越來越多的人脈和運氣！張顯的經歷說明，如果你是一個外向的人，那就完全沒有必要因為有陌生人情結而隱藏你的優點。突出熱情的方法有很多：當你首次與陌生人打交

道，你可以主動和對方握手，微笑著介紹自己，並且在談話中不吝嗇自己的讚美，給人如沐春風的感覺。

講究個性和個人魅力的時代，平庸者注定被埋沒，職場對於每個人的發展都是如此重要，所以，不能輸在表達個性的起跑線上。要知道，突出自己的個性並不難，也並不需要人們做很多超出常規的事情，有時候只需要恰到好處地發那麼一次光，就能讓大家記住。

═ 凡事適可而止，給別人留以餘地 ═

中國有句俗話：「有理也要讓三分，得饒人處且饒人。」這句話告訴人們，凡事都應該適可而止，給別人留有餘地，同時也就是給自己留下後路，這種智慧同樣適用於同事之間的關係。張玲是一位大學應屆畢業生，在公司裡，她不但學歷高，且口才極佳，能力也強，很受主管的賞識。每次開會，她都會抓住機會滔滔不絕。每當聽到其他同事提出一些較不成熟的建議，或在某些事情上得罪了她，她總會毫不客氣地嚴詞相向，毫不顧及這些同事的感受。在她的觀念裡，這樣做並無不妥。她認為如果不是別人有誤在先，也輪不到她攻擊。

然而，她的態度卻使她在同事中成了隻孤單的鳳凰，

除了老闆，誰也不想與她多說一句話。所以她最後只好選擇離開公司，不是因為能力欠佳，而是因為人際壓力。而直到她離職前，仍不斷地問自己：「難道我的觀點錯了嗎？難道我說的都沒有道理嗎？」其實她根本就沒有錯，只是忘了給人留點餘地，忘了給人臺階……大部分人一旦陷身於爭鬥的漩渦，便不由自主地焦躁起來，一方面為了面子，一方面為了利益，因此得了「理」便不饒人，非逼得對方鳴金收兵或舉白旗投降不可。雖然有時他們會吹著勝利的號角，但也為雙方關係的惡化埋下了伏筆。「戰敗」的一方也是面子和利益的集合體，人家當然要「討」回來，因此倒不如得饒人處且饒人，放對方一條生路，讓他有個臺階下，為他留點面子和立足之地，也讓自己多條路。即使自己一方有理，也要容忍三分，要用寬廣的胸懷去感化對方，而不是得理不饒人，死盯住對方不放。

有這樣一句名言：「人不講理，是一個缺點；人硬講理，是一個盲點。」很多時候，理直氣「和」遠比理直氣「壯」更能說服、改變他人。《聖經》上說：「性情溫良的，大有智慧。」如果你不留一點餘地給得罪你的人，不但消滅不了眼前的這個「敵人」，還會讓身邊的人因此疏遠你。

試想，如果你得理不饒人，就有可能激起對方「求生」的意志，而既然是「求生」，就有可能不擇手段，不顧後果，這很可能對你造成傷害。假如在別人理虧時，放他一條生路，他也會心存感激，就算不如此，也不太可能與你為敵，這是人的本性。況且，這個世界本來很小，變化卻很大，若哪一天兩人再度狹路相逢，屆時若他勢強而你勢弱，你想他會怎麼對待你呢？因此，得理饒人，也是為自己留條後路。

有一家雜誌訪問了 25 位傑出的財經界人士，請他們說出影響他們一生的一句話。這些身經百戰的大總裁講出來的話當然字字珠璣，但是最吸引人的卻是時代華納公司的董事長帕森斯（Richard D. Parsons）所說的「不要趕盡殺絕，要留一點退路給別人」。

得饒人處且饒人說起來簡單，可做起來並不容易，因為任何忍讓和寬容都是要付出代價的。人的一生誰都會碰到個人的利益受到別人有意或無意侵害的時候，為了培養和鍛鍊良好的心態，就要勇於接受忍讓和寬容的考驗，即使感情無法控制時，也要緊閉自己的嘴巴。忍一忍，就能抵禦急躁和魯莽；說服自己，就能把忍讓的痛苦化解，產生出寬容和大度來。

人腳踏踩的地方，不過幾寸大小，可是在咫尺寬的山路上行走時，很容易跌落於山崖之下；從碗口粗細的獨木橋上過河時，常常會墜入河中。這是為什麼呢？是因為腳的旁邊已經沒有餘地。同理，行走於職場叢林中的人，也要給身邊的同事留一些餘地。記住，給別人留餘地，就是給自己留了條退路。

⚟ 待人要熱情，讓對方感受到你誠意 ⚟

愛默生說過：「沒有熱情，任何偉大的業績都不可能成功。」不管是什麼樣的事業，要想獲得成功，首先需要的就是熱情。熱情是世界上最寶貴的財富，沒有其他任何東西能讓人勇敢、精力充沛、引起別人的好感了。

熱情是我們辦事過程中最重要的財富之一，如果在辦事的過程中，處處讓人感受到你的熱情，那麼他就會從中感受到你的誠意，甚至也會被你的熱情所感染，自然會助你一臂之力。相反，如果你總是一副拒人千里之外的模樣，別人又怎麼會對你產生好感呢？有一個其貌不揚的推銷員，在剛走上推銷崗位時，由於沒有什麼經驗，所以飽嘗失敗之苦。推銷員的工作都是以業績換收入，沒有業績，一分錢的薪水也拿不到，他沒有業績，當然也沒有收入。

為了節省開支，這位推銷員只好上班不坐電車，中午不吃飯；更為要命的是，他連住的地方都沒有，公園的長凳就是他的床，這也真算得上是「天作鋪蓋地當床」了。

　　然而，雖然條件艱苦，但是他卻始終保持著滿腔的熱情，面對工作和生活中的重重困難，他並不氣餒，總是用積極的心態對待。每天清晨 5 點左右，他就精神抖擻地從「床」上爬起來，找到一個公共廁所梳洗之後，就從這個「家」徒步去上班。一路走得非常有精神，有時吹吹口哨，遇到別人還熱情地打個招呼。

　　每一天早晨，他在去公司的路上，都會遇到一個穿著體面的紳士。可能是每天清晨都碰面的緣故，日子一久，彼此間就很自然地打個招呼，道聲早安。這天，他們照例打過招呼之後，那位紳士卻叫住這位推銷員，和他聊了起來。

　　「我看你整天笑嘻嘻的，全身充滿幹勁，日子一定過得很痛快！」

　　「托您的福，還好啦！」他回答說。

　　「我看你每天起得很早，是個難得的年輕人。我想請你吃早餐，有空嗎？」

　　「謝謝您！我已經用過了。」他雖然肚子裡咕咕地叫，

但還是很大度地回答。

「哦！那就改天吧。請問你在哪裡高就？」

「我是保險公司的推銷員。」

「是嗎？既然你沒空吃早餐，那我就投你的保險好啦！」

聽了這句話，這位推銷員一下子愣住了，有人向自己買保險了！整整7個月時間，他沒有拉到過一分錢的保險。那一剎那，他深深地感受到了「喜從天降」這句話的滋味。

原來，這位體面的紳士是附近一家大酒樓的老闆，還是一家大公司的理事長。經過他的介紹，這位推銷員很快地就與許多大公司搭上了線，獲得了許多的潛在客戶。於是，否極泰來，經歷了最窮困潦倒、落魄到睡公園的生活後，這位推銷員從這一天起徹底「轉運」了。使這位推銷員轉運的不是別的原因，正是他自己的熱情。同樣一件事，有熱情和沒有熱情，效果是截然不同的。前者會使你變得有活力，事情辦得有聲有色；而後者，則使你變得懶散，對事情冷漠處之，辦事當然就不會順利了。你不關心別人，別人也不會關心你；你自己垂頭喪氣，別人自然對你喪失信心。

熱情代表著一種積極的精神力量，這種力量不是凝固不變的，而是不穩定的。不同的人，熱情程度與表達方式不一樣。同一個人，在不同情況下，熱情程度與表達方式也不一樣。但總而言之，熱情是人人具有的，善加利用，可以使之轉化為巨大的能力。你內心充滿要幫助別人的熱情，你就會興奮，你的精神振奮，也會鼓舞別人努力工作，這就是熱情的感染力量。

熱情是辦事成功的基礎。在辦事過程中，必須保持熱情。只有從內心發出熱情，表現為一種強大的精神力量時，才能感染別人，創造出卓越的成績。

那麼，怎樣才能給別人留下熱情的好印象呢？這就需要我們做到以下幾點：

➤ 事事比別人快一步，會給人以熱情積極的好感。現代社會已進入節奏感強、競爭激烈的時代，辦事永遠比人慢半步的人怎麼也不會引起人的注意，辦事也不會成功。為了給人留下工作積極的深刻印象，事事都比別人快一步是十分有效的。

➤ 與人辦事交談時，上半身前傾，可表現出你對所辦之事的關切。通常，人們對於感興趣的事，往往會很自然地將上半身向前傾斜著，好像努力要把所要辦的事

情聽透和看透似的。所以辦事時，你若想讓對方產生一種熱心而積極的好印象，不妨擺出傾身的姿勢，表示你對所辦之事項傾心關注的態度。

➤ 說話時借助手勢，可表現出你很有熱情。邱吉爾是一個十分成功的演說家，他的演說具有很強的煽動性的原因之一就在於他演說時常常帶有誇張的更替手勢，從而有了他與眾不同的風格。在辦事交談時，如果能加上一定的手勢和神態，就能表現出你積極熱忱的態度。

➤ 打招呼的聲音稍微高聲一點，可展示你熱情開朗的性格。和人打招呼時聲音太小，會給人一種冷漠的印象。而用比平時說話聲音稍大一點的語調跟人打招呼或寒暄，會給人以熱情開朗的感覺，留下積極良好的印象。

第四章　開放包容，做好人際溝通與合作

第五章
快樂工作源於積極心態

第五章　快樂工作源於積極心態

＝培養自己對工作的興趣 ＝＝＝＝＝＝

　　人可以透過工作來學習，可以透過工作來獲取經驗、知識和信心。你對工作投入的熱情越多、決心越大，工作效率就越高。

　　人生最有意義的事就是工作，與同事相處是一種緣分，與顧客、生意夥伴見面是一種樂趣。即使你的處境再不盡如人意，也不應該厭惡自己的工作，世界上再也找不出比這更糟糕的事情了。如果環境迫使你不得不做一些令人乏味的工作，你也應該想方設法使之充滿樂趣。用這種積極的態度投入工作，無論做什麼，都很容易取得良好的效果。

　　《表演船》一劇中有這樣一段對話：「能做自己喜歡做的事的人，是最幸運的人。」之所以這樣說，是因為人們做自己喜歡的事時，體力更充沛，快樂更多，憂慮和疲勞卻比別人要少。對工作感興趣，才能充分發揮你的能力。

　　人可以透過工作來學習，可以透過工作來獲取經驗、知識和信心。你對工作投入的熱情越多，決心越大，工作效率就越高。當你抱有這樣的熱情時，上班就不再是一件苦差事，工作就變成了一種樂趣，就會有許多人願意聘請你來做你所喜歡的事。工作是為了自己更快樂！如果你每

天工作八小時，你就等於在快樂地生活，這是一個多麼合算的事情啊！

　　一個叫山姆的年輕人在一家工廠裡做卸螺絲釘的工作。他覺得工作乏味，想辭了又怕找不到別的工作，只好想法讓自己對工作感興趣，於是他和其他操作機器的工人比速度。有個工人負責磨平螺絲釘頭，另一個修平螺絲釘的直徑大小，他們比賽看誰完成的螺絲釘多。有個監工對山姆的快速度留下了印象，沒多久便提升他到另一個部門。後來，山姆成為機器製造廠的廠長。

　　山姆正是因為找到了工作的樂趣，才讓自己的人生發生了轉機。

　　許多在大公司工作的人，他們擁有淵博的知識，受過專業的訓練，他們朝九晚五穿行在辦公大樓裡，有一份令人羨慕的工作，拿一份不菲的薪水，但是他們並不快樂。他們是一群孤獨的人，不喜歡與人交流，不喜歡星期一；他們視工作如緊箍咒，僅僅是為了生存而不得不出來工作；他們精神緊張、未老先衰，常常患胃潰瘍和神經官能症，他們的健康真是令人擔憂。

　　如果你在工作中得不到快樂，那你在別的地方也不可能找到快樂，因為你一天的大部分時間都花在工作上了。

第五章　快樂工作源於積極心態

如果你經常給自己打氣，培養自己對工作的興趣，那你就會把疲勞降到最低程度，這樣也許就會給你帶來升遷和發展的機會。即使沒有這樣的好處，至少在減少了疲勞和憂慮之後，你可以更好地享受自己的閒暇時間。

當你在樂趣中工作，如願以償的時候，就該愛你所選，不輕言變動。如果你開始覺得壓力越來越大，情緒越來越緊張，在工作中感受不到樂趣，沒有喜悅的滿足感時，就說明有些事情不對勁了。如果我們不從心理上調整自己，即使換一萬份工作，情況也不會有所改觀。

一個人工作時，如果能以精益求精的態度，火焰般的熱忱，充分發揮自己的特長，那麼不論做什麼樣的工作，都不會覺得辛勞。如果我們能以滿腔的熱忱去做最平凡的工作，也能成為最精巧的藝術家；如果以冷淡的態度去做最偉大的工作，也絕不可能成為藝術家。各行各業都有發展才能的機會，實在沒有哪一項工作是可以藐視的。

如果一個人鄙視、厭惡自己的工作，那麼他必遭失敗。引導成功者的磁石，不是對工作的鄙視與厭惡，而是真摯、樂觀的精神和百折不撓的毅力。

不管你的工作如何卑微，都應付之以藝術家的精神，付之以十二分的熱忱。這樣，你就可以從平庸卑微的境況

中解脫出來，不再有勞碌辛苦的感覺，厭惡的感覺也自然會煙消雲散。

═ 當你對工作產生倦怠感的時候 ═══════

伴隨著工作壓力的增大，職業倦怠症的患病率也日益上升，它正逐漸成為影響人們工作、健康的職場通病。職業倦怠症是一種由工作引發的心理疲憊的現象，也可稱為「職業枯竭」或「心理枯竭」，一般是職業人在工作重壓之下所產生的心力耗盡的感覺。

有時，人們會出現身體疲勞、患病、神經衰弱、無精打采，情緒低落、記憶力衰退、注意力不集中、人際關係淡漠、工作效率低下等症狀，甚至出現跟人吵架、打架的現象。這類人總是疑心自己身體的某個部位發生了病變，會對自己從事的工作產生嚴重的厭惡感和倦怠感，擺脫工作的念頭時常在頭腦中盤旋等。其實，他們患上了職業倦怠症。

通常來說，一個人在職業生涯中大致要經歷四個時期。

➤ **蜜月期**：這一時期由於剛剛接觸新的事物，對事物的新鮮感讓他們感到有充足的精力和熱情，工作的幹勁較高。

➤ **適應期**：失去了對工作的新鮮感，開始對工作的各個環節熟悉起來。此時，逐漸接受工作內容的高度重複性和工作環境的單調乏味性。

➤ **挫折期**：工作中遇到很多困難，出現很多矛盾，不知如何解決，陷入前所未有的迷茫階段，出現了身心失調的不健康病症，個人的自信心也受到威脅。

➤ **倦怠期**：對工作產生嚴重的厭煩情緒，無法繼續工作，對周圍人、事表現出極端的冷漠態度。

針對職業倦怠，專家建議給自己一點變化刺激達到尋找新樂趣的目的，例如在公司內部更換職位，或是對自己做出新的打算等。

引發職業倦怠的原因一般是內部和外部兩個方面：內因是自己的職業規劃及職業心理，外因是公司和社會大環境。外部環境是誰都無法改變的事，生活在這個時代，就要順應時代發展的步伐，所以要主動適應工作環境，或者重新適應工作崗位；如果是內因問題，那麼就要從自己的職業定位、規劃及職業心理方面去找原因了。

毫無疑問，職業倦怠症正日益危害著職場人士的前途和健康，它已經成了當今非常嚴重的職場病症。針對職業倦怠，最有效的方法是什麼呢？

■ 不斷職業創新

平凡的崗位如果注入創新的血液,就會煥發出新的活力。因此,要學會為自己的工作創新,盡可能讓工作內容有變化性。讓自己擺脫枯燥與無聊的情緒,充滿熱情和鬥志。

■ 學會自我調節

不要一味地忙於工作,要有規律地休息,最好工作一段時間後,就出去旅遊一次。遠離工作,徹底放鬆,達到改善緊張情緒和緩解壓力的目的。同時,經常做身體檢查,如果病理上找不到任何異常,就應該考慮尋求心理醫生的幫助。

■ 給自己設定工作目標

有了目標,工作才有方向,才有幹勁,目標是指引成功的燈塔。因此,給自己制定一個工作目標,小到一天,大到一年,每當完成一個目標時,就會從心理上感到一種成就感和滿足感,這種感覺是促使自己前進的力量。這時,讓自己放鬆一下,給自己一點獎勵,就可以緩解由於擔心工作任務完不成而導致的精神緊張,也會感到工作是件輕鬆快樂的事。

第五章　快樂工作源於積極心態

■ 規劃自己的職業

　　職業規劃師認為，從職業發展方面來說，職業倦怠是得過且過、缺乏科學職業規劃的結果。如果有了職業規劃，那麼就會在工作的過程中正確看待出現的各種問題。比如，面對職業倦怠，就應事先了解這是一個必經的階段，是需要自己鼓足勇氣去克服的難題，這時，職業倦怠就會輕鬆瓦解。

　　因為一個深諳職業發展規則的人，自然會按照專業方法謀劃成功的職業生涯，自然會碩果累累，回報多多，又何來職業倦怠呢？

■ 頑強的熬過去

　　有一個權威機構曾經做過一項有關職業倦怠的調查，調查數據顯示，通常工作前 10 年的職業倦怠比例較高，其中工作 5 年的受訪者比例最高，達到了 49%。工作 1 年、2 年、3 年、4 年的受訪者出現職業倦怠的比例依次為：44.7%；40.7%；40.5%；437%。而工作 20 年以上的職業倦怠程度最低，僅為 30%。所以，在你最痛苦的時候不妨忍一忍，「熬過去」是一個對付職業倦怠症的一個好方法。

══ 學會與你的工作談戀愛 ══════════

　　每個人都要選擇自己的工作態度，工作的時候，你是什麼樣的人？你是無奈、厭倦？還是想做出成績？如果你希望舉世聞名，就要為自己工作，就像在和工作談戀愛，保持熱情和情趣。

　　對我們大多數人來說，選擇職業不外乎一求生存二求發展，能抱著先結婚後戀愛的態度倒不錯，就權當這是場不摻和任何興趣的「無愛婚姻」，而不是當作愛得死去活來的一見鍾情後的閃電婚姻。這樣，因為沒有不切實際的幻想，你對工作採取的是極現實的態度，能接受周圍環境的許多局限性，沉下心來，與自己的潛力競爭，耐心打磨，懷著白頭偕老的心念，慢慢地你在這種「婚姻」中找到了穩固的樂趣，說不定能收穫意想不到的幸福和成功。

　　某公司的職員說：「我必須和我的工作談戀愛。」其實他這就是在為自己工作，所以每次快被工作磨到熱情消退的時候，他都努力保持其趣味的新鮮度。

　　我們再看看市場上那些賣魚的漁販，他們在工作的時候都充滿樂趣和活力。這些漁販和顧客一同度過了快樂的時光。他們採用吸引顧客的方式創造活力、樹立品牌。誰

第五章　快樂工作源於積極心態

是他們的顧客？他們採用什麼方法吸引顧客並使他們快樂？他們相互之間又怎麼得到快樂？他們怎樣才能有更多的樂趣、創造更多的活力？

所有的漁販都全身心投入工作，他們教會我們如何快樂工作的方法，那就是和你的工作談戀愛。

然而，現實生活中，很多人都在想「如果可能，我一定選擇『不工作』！」人人都企盼「能做自己喜歡的事情是最幸福的」，今天絕大多數人都像上了發條的時鐘那樣，每天固定而麻木地工作著 —— 那種完全為了自己的隨心所欲的自在生活，永遠還只在想像之中。

在飛速運轉的都市生活中，高壓工作換取的報酬可以滿足人們物質的要求，卻很難讓他們自己的內心充滿快樂。

於是日復一日，這些人一天比一天更忙碌，一天比一天更憔悴而精疲力竭。工作就像那個永不會停止的風車，拖著人習慣性地轉動。

他們為什麼會如此疲憊呢？原因在於他們不會正確看待自己的工作，也不會為自己工作。如果他們懂得為自己工作，把工作當成戀愛一樣來對待，或許，他們將會輕鬆快樂得多！

有位電視主持人請來一位老人當他節目的嘉賓。這位老人非常幽默，下面的觀眾都被他的話逗得大笑不止。

主持人禁不住問老人為什麼這麼輕鬆快樂：「您一定有什麼特別的輕鬆祕訣吧？」

「沒有，」老人回答，「我沒有什麼了不起的祕訣。我只是在每天起床的時候對自己說：『快樂和不快樂都要活著，不管輕鬆與否，時間仍然不停地流逝，既然這樣，我為什麼不選擇輕鬆快樂呢？』」

這個老人的話非常簡單，但卻道出了快樂的祕訣。

其實，工作也可以選擇快樂和不快樂，能夠讓你感到神采奕奕，也可以讓你感到悲慘萬分，這其中的分界線，就要靠你去把握。如果你選擇了輕鬆的工作，你將會是愉悅的。

工作對我們而言究竟是樂趣，還是個枯燥乏味的事情，其實全要看自己怎麼想，而不是看工作本身。

就像卡耐基所說的：「如果一個人不能在他的工作中找出點『羅曼蒂克』來，這不能怪罪於工作本身，而只能歸咎於做這項工作的人。」

從工作中獲得快樂、成功以及滿足感的祕訣，並不在於專挑自己喜歡的事情做，而是喜歡自己所從事的工作。

第五章　快樂工作源於積極心態

　　喜歡或不喜歡，快樂或不快樂，這是個選擇，這個選擇掌握在你手中。

　　一個對全美國成功人士的調查說明：他們之中94％以上都是喜愛自己工作的。一個對於工作感到不滿的人，不管他如何努力，絕不會有優越的表現。許多事實說明：大多數人的失敗，都是由於工作的不適宜。

　　快樂工作，就要和你的工作談戀愛，對它投入感情和興趣。

　　人們對某種工作感興趣，就會對此工作表現出肯定的態度，在工作中調動整個心理活動的積極性，開拓進取，努力工作，有助於事業的成功。反之，強迫做自己不願意做的工作，對精力、才能都是一種浪費。

　　試著調整好你的心態，你絕對可以把工作看成一個優雅的戀人，這可以讓你足夠愉快地生活在辦公室裡，充分享受自己的工作！快樂工作，就要和你的工作談戀愛，對它投入感情和興趣。

＝努力培養你的工作熱忱 ＝＝＝＝＝＝＝

　　熱忱是一種神奇的要素，吸引具有影響力的人，同時也是成功的基石。誠實、能幹、友善、忠於職守、淳樸，

所有這些特徵，對準備在事業上有所作為的人來說，都是不可缺少的，但是更不可或缺的是熱忱，它會使你將奮鬥、打拚看作是人生的快樂和榮耀。

發明家、藝術家、音樂家、詩人、作家、英雄、人類文明的先行者、大企業的創造者，無論他們來自什麼種族、什麼地區，無論在什麼時代，那些引導著人類從野蠻社會走向文明的人們，無不是充滿熱忱的人。但是，如果你不能使自己的全部身心都投入到工作中去，你無論做什麼工作，都可能淪為平庸之輩。你無法在人類歷史上留下任何印記；做事馬馬虎虎，只有在平平淡淡中了卻此生。如果真是這樣，你的人生結局將和千百萬的平庸之輩一樣。

在職場中，熱忱是工作的靈魂，甚至就是生活本身。你如果不能從每天的工作中找到樂趣，僅僅是因為要生存才不得不從事工作，僅僅是為了生存才不得不完成職責，這樣的人註定是要失敗的。

當你以這種狀態來工作時，你一定犯了某種錯誤，或者錯誤地選擇了人生的奮鬥目標，在天性所不適合的職業上艱難跋涉，白白地浪費著精力。這時，你需要某種內在力量的覺醒，你應該被告知，這個世界需要你做最好的工

第五章　快樂工作源於積極心態

作，你應該根據自己的興趣把自己的才智發揮出來。事實上，從來沒有什麼時候像今天這樣，給滿腔熱情的人提供了如此多的機會！

熱忱，是所有偉大成就取得過程中最具有活力的因素。它融入了每一項發明、每一幅書畫、每一尊雕塑、每一首偉大的詩、每一部讓世人驚嘆的小說或文章當中。它是一種精神的力量。很難想像得出，一個對工作沒有絲毫熱情的人能夠將自己全身心投入到工作中去，並且創造出好的工作業績。

人的情緒常處於變化之中，但工作熱情是一種積極的心態，其中融入了你對工作穩定的感情和態度，即使偶爾有不良情緒干擾，但這種對工作的熱情不會因此而衰退。使熱情發生減退的原因主要有以下幾方面。

一方面是工作能力和工作難度差距較大。如果工作太簡單了沒有挑戰性，激發不起熱情；工作太難，能力不夠，這種差距容易使人自信心受挫，喪失工作熱情。因此，選擇與自己能力相符的工作是很必要的。

另一方面認為，工作只是為了完成任務，認知不到工作的真正目的。工作只是為完成任務，自然少了一份熱情，多了一份懈怠。用目標激發熱情，可以讓工作更富活力。

　　還有就是抱著懈怠的工作態度。本來是比較感興趣的工作，也會因你隨便、懶散、懈怠的工作態度而失去熱情。消極心態是積極心態的剋星，消極情緒滋生，積極情緒則會衰減，這是一種此消彼長的關係。

　　針對這些情況，應該怎樣培養出對工作的熱忱呢？

　　首先，你不要看到這項工作就立即產生厭惡感，並讓這種厭惡感任其蔓延。你應先試著把這種厭惡感扔到一邊，嘗試做這項工作，慢慢了解工作本身，看能否在工作中找出自己比較感興趣的問題。一般而言，當你靜下心來了解、熟悉工作時，會逐漸產生興趣。

　　其次，想辦法激發熱忱。興趣不是產生熱情的唯一條件，即使你所從事的是你感興趣的工作，但有時熱情也會發生衰減，這需要在工作中找到適當的方法激發和鞏固熱情。培養工作的熱情，需要一種輕鬆的心情，如果壓力太大，干擾太多，情緒會受到影響，從而影響熱情的激發。

　　最後，對工作的熱忱源於對工作的了解。長期的、穩定的熱忱來源於對工作本身的熱愛，多了解工作本身，了解它的過去、現在，預測它的將來，拓寬你的視野，你發現得越多越深，你對工作的熱情就越高。

　　熱忱是可以分享、複製，而不影響原有的程度，反會

增加利潤的心理「資產」。你付出的越多，得到的也會越多。當你興致勃勃地工作，並努力使自己的老闆和顧客滿意時，你所獲得的利益就會增加。

＝ 懂得苦中求樂的工作真諦 ＝＝＝＝＝＝＝＝＝

快樂是什麼？快樂是血、淚、汗浸泡的人生土壤裡怒放的生命之花，正如惠特曼所說：「只有受過寒凍的人才感覺得到陽光的溫暖，也只有在人生戰場上受過挫敗、痛苦的人才知道生命的珍貴，才可以感受到生活之中的真正快樂。」

托爾斯泰在他的散文名篇中寫過這樣一個故事：

一個男人被一隻老虎追趕而掉下懸崖，慶幸的是在跌落過程中他抓住了一棵生長在懸崖邊的小灌木。此時他發現，頭頂上那隻老虎正虎視眈眈，低頭一看，懸崖底下還有一隻老虎，更糟的是，兩隻老鼠正忙著啃咬懸著他生命的小灌木的根鬚。在絕望中，他突然發現附近生長著一簇野草莓，伸手可及。於是，這人拽下草莓，塞進嘴裡，自語道：「真甜！」

在生命進程中，當痛苦、絕望、不幸和危難向你逼近的時候，你是否還能顧及享受一下「野草莓」的滋味？

「塵世永遠是苦海，天堂才有永恆的快樂」，這是禁欲主義編撰的用以蠱惑人心的謊言，而苦中求樂才是快樂的真諦。二戰期間，一位名叫伊莉莎白的女士在慶祝盟軍在北非獲勝的那一天收到了一份電報，她的侄兒，她最愛的一個人死在戰場上了。她無法接受這個事實，她決定放棄工作，遠離家鄉，把自己永遠藏在孤獨和眼淚之中。

正當她清理東西，準備辭職的時候，忽然發現了一封早年的信，那是她侄兒在她母親去世時寫給她的。信上這樣寫道：「我知道你會撐過去。我永遠不會忘記你曾教導我的：不論在哪裡，都要勇敢地面對生活。我永遠記著你的微笑，像男子漢那樣，能夠承受一切的微笑。」她把這封信讀了一遍又一遍，似乎他就在她身邊，一雙熾熱的眼睛望著她：你為什麼不照你教導我的去做。

伊莉莎白打消了辭職的念頭，一再對自己說：「我應該把悲痛藏在微笑下面，繼續生活，因為事情已經是這樣了，我沒有能力改變它，但我有能力繼續生活下去。」

人生是一張單程車票，一去無返。在荷蘭首都阿姆斯特丹一座 15 世紀的教堂廢墟上留著一行字：「事情是這樣的，就不會那樣。」藏在痛苦泥潭裡不能自拔，只會與快樂無緣。告別痛苦的手得由你自己來揮動，享受今天盛開

的玫瑰的捷徑只有一條：堅決與過去分手。

「禍福相依」最能說明痛苦與快樂的辯證關係，貝多芬「用淚水播種歡樂」的人生體驗生動，形象地道出了痛苦的正面作用，傳奇人物艾柯卡（Lido Anthony Iacocca）的經歷更傳神地闡明快樂與痛苦的內在連繫。艾柯卡靠自己的奮鬥終於當上了福特公司的總經理。1978 年 7 月 13 日，有點得意忘形的艾柯卡被妒火中燒的大老闆亨利福特開除了。在福特工作已三十二年，當了八年總經理，一帆風順的艾柯卡突然間失業了。他痛不欲生，開始喝酒，對自己失去了信心，認為自己要徹底崩潰了。

就在這時，艾柯卡接受了一個新挑戰：應聘到瀕臨破產的克萊斯勒汽車公司出任總經理。憑著他的智慧、膽識和魅力，艾柯卡大刀闊斧地對克萊斯勒進行了整頓、改革，並向政府求援，舌戰國會議員，取得了巨額貸款，重振企業雄風。在艾柯卡的領導下，克萊斯勒公司在最黑暗的日子裡推出了 K 型車的計畫，此計畫的成功令克萊斯勒起死回生，成為僅次於通用汽車公司、福特汽車公司的第三大汽車公司。

1983 年 7 月 13 日，艾柯卡把生平僅有的面額高達 8.13 億美元的支票交到銀行代表手裡，至此，克萊斯勒還清了

所有債務。而恰恰是五年前的這一天，亨利福特開除了他。事後，艾柯卡深有感觸地說：「奮力向前，哪怕時運不濟；永不絕望，哪怕天崩地裂。」羅曼·羅蘭說：「痛苦像一把犁，它一面犁破了你的心，一面掘開了生命的新起源。」古人講：「未知生，焉知死？」不知苦痛，怎能體會到快樂？痛苦就像一枚青青的橄欖，品嘗後才知其甘甜，這品嘗需要勇氣！

　　要讓工作變得快樂非常簡單，那就是少一份欲望，多一份自信，在身處困境時，懂得苦中求樂，才是快樂工作的真諦。

▇ 讓你的工作熱情像火一樣蔓延 ▇▇▇▇▇▇▇▇

　　充滿熱情，比獲得成就，獲取功名更加重要，它使你年輕、進步、富有活力。沒有熱情，就沒有上進心，就沒有火熱的詩，就沒有燃燒的愛，就沒有壯麗的人生。

　　微軟的招聘官員曾對記者說：「從人力資源的角度講，我們願意招的『微軟人』，他首先應是一個非常有熱情的人：對公司有熱情、對技術有熱情、對工作有熱情。可能在一個具體的工作崗位上，你也會覺得奇怪，怎麼會招這麼一個人，他在這個行業涉獵不深，年紀也不大，但是他

157

有熱情，和他談完之後，你會受到感染，願意給他一個機會。」

以最佳的精神狀態工作不但可以提升你的工作業績，而且還可以為你帶來許多意想不到的成果。

剛剛進入公司的員工，自覺工作經驗缺乏，為了彌補不足，常常早來晚走，鬥志昂揚，就算是忙得沒時間吃午餐，依然很開心，因為工作有挑戰性，感受也是全新的。

這種工作時激情四射的狀態，幾乎每個人在初入職場時都經歷過。可是，這份熱情來自對工作的新鮮感，以及對工作中不可預見問題的征服感，一旦新鮮感消失，工作駕輕就熟，熱情也往往隨之湮滅。一切開始平平淡淡，昔日充滿創意的想法消失了，每天的工作只是應付完了即可。既厭倦又無奈，不知道自己的方向在哪裡，也不清楚究竟怎樣才能找回曾經讓自己心跳加速的熱情。在老板眼中你也由一個前途無量的員工變成了一個稱職的員工。

所以保持對工作的新鮮感是保證你工作熱情的有效方法。可是這談何容易，不管什麼工作都有從開始接觸到全面熟悉的過程。要想保持對工作恆久的新鮮感，首先必須改變工作只是一種謀生手段的認知。把自己的事業、成功和目前的工作連接起來；其次，保持長久熱情的祕訣，就

是為自己不斷樹立新的目標，挖掘新鮮感，把曾經的夢想揀起來，找機會實現它；再次，審視自己的工作，看看有哪些事情一直拖著沒有處理，然後把它做完……在你解決了一個又一個問題後，自然就產生了一些小小的成就感，這種新鮮的感覺就是讓熱情每天都陪伴自己的最佳良藥。

■ 讓你的熱情像野火般蔓延

精神狀態是可以互相感染的，如果你始終以最佳的精神狀態出現在辦公室，工作有效率而且有成就，你的熱情就會像野火般蔓延開來，你的同事一定也會因此受到鼓舞。

史密斯是一個汽車清洗公司的經理，這家店是 12 家連鎖店中的一個，生意相當興隆，而且員工都熱情高漲，對他們自己的工作表示驕傲，都感覺生活是美好的……

但是史密斯來此之前不是這樣的，那時，員工們已經厭倦了這裡的工作，他們中有的已打算辭職，可是史密斯卻用自己昂揚的精神狀態感染了他們，讓他們重新快樂地工作起來。

他每天第一個到達公司，微笑著向陸續到來的員工打招呼，把自己的工作一一排列在日程表上，他創立了與顧

客聯誼的員工討論會，時常把自己的假期向後推遲……

在他的影響下，整個公司變得積極上進，業績穩步上升，他的精神改變了周圍的一切，老闆因此決定把他的工作方式向其他連鎖店推廣。

■ 使你看上去是一個值得信賴的人

良好的精神狀態是你責任心和上進心的外在表現，這正是老闆期望看到的。

所以就算工作不盡如人意，也不要愁眉不展、無所事事，要學會掌控自己的情緒，讓一切變得積極起來。

某位名人提醒我們：「如果你對於自己的處境都無法感到高興的話，那麼可以肯定，就算換個處境你也照樣不會快樂。」換句話說，如果你現在對於自己所擁有的事物，自己所從事的工作，或是自己的定位都無法感到高興的話，那麼就算獲得你想要的事物，你還是一樣不快樂。

所以要想變得積極起來完全取決於你自己。

在充滿競爭的職場裡，在以成敗論英雄的工作中，誰能自始至終陪伴你、鼓勵你、幫助你呢？不是老闆、不是同事、不是下屬，也不是朋友，他們都不能做到這一點。唯有你自己才能激勵自己更好地迎接每一次挑戰。

工作時神情專注，走路時昂首挺胸，與人交談時面帶微笑……會讓老闆覺得你是一個值得信賴的人。愈是疲倦的時候，就愈穿得好、愈有精神，讓人完全看不出你們的一絲倦容。如果是女性的話，還要畫個全妝，這樣做會為他人帶來積極的影響。總之，每天精神飽滿地去迎接工作的挑戰，以最佳的精神狀態去發揮自己的才能，就能充分發掘自己的潛能。你的內心同時也會變化，變得越發有信心，別人也會越發認知到你的價值。

═ 理性地對待老闆的「壓迫」 ═══════

職場中，經常會有員工跳起來挑戰老闆，少數人成功了甚至還獲得了老闆的認可，但大多數卻在老闆的大力「扼殺」下失敗。分析挑戰的原因，多是認為老闆給的待遇太低，總覺得：「老闆只出了薪水，沒有做具體工作方面的事情，工作都是我在做，市場是我打下來的，憑什麼你拿那麼多利潤，而只給我可憐的薪水？」於是有不憤的人，有造反的，成功的，失敗的。

被老闆壓迫的感覺是痛苦的，也是憋悶的，高聲叫「王侯將相，寧有種乎？」也是可以理解的。但換個角度，在現代社會如果沒有人壓迫你，意味著什麼呢？意味

第五章　快樂工作源於積極心態

沒有人用你，多麼可憐的境地！市場經濟是由「看不見的市場之手」調節的，也就是適者生存，就象自然界一樣，有羊有狼，狼就是吃羊的，或者說羊生來就是被狼吃的，天經地義無可厚非。市場經濟中，老闆「壓迫」員工雖然是不正常的，但在短時期內卻難以消除。從另一個角度講，如果沒有老闆一定程度的壓迫，那麼員工反而很有可能失去工作的積極性，對老闆來說，他們中的大部分對員工也並非是惡意的壓迫，而只是為了能提高其工作效率，為公司發展出盡全力，一旦他發覺你工作買力，工作成績優異，他的壓迫就隨時可能轉化為各種獎勵。

如果你感到被壓迫得過多，想擺脫「這種不是人過的日子」，就先要衡量自己的實力和周圍的環境，一位混跡職場多年的老手在看到老闆大把賺錢後很眼紅，於是找資金創業，想賺一把。沒想到被以前的老闆，打得站不住腳，轉戰到外地，又由於人生地不熟，被人所騙，最後貼進去了幾百萬。所以說，員工如果沒有很大的把握，還是踏踏實實的先替人工作，無論是否有虧損，風險老闆一個人承擔，你又能學習經驗又能賺錢，何樂而不為呢？如果你要創業就得趁早，在市場成長期，先工作多累積能力和經驗最好，就目前來看，如果你要創業機會雖然已經越來越少了，但對高級職業經理人的需求卻越來越多了。

理性地對待老闆的「壓迫」

　　員工工作的心態要端正，要知道老闆是在壓迫你，也就是在用你。你的專業技能或者別的能力就像夏天的西瓜一樣，是有時效性的，西瓜如果夏天沒人吃，放到秋天就只會爛掉，留下的是腐臭，而不是人們的口水。在你還沒有自己的事業時，你只有被人用，你對社會的價值才能展現，你對自己的價值才能有所呈現，你才真正有價值，否則無異於行屍走肉！也就是說，接受壓迫你的價值也可能得到充分發揮，對於一個要求上進的員工來說，要爭取被壓迫的資格！

　　你只有為老闆做的越多，他才有可能給你越多。只有共同把公司做強、做大，才有希望分到更多，在公司不景氣的情況下抱怨，為了微小的利益和老闆爭奪。你想想利益小的時候，老闆自己都不夠吃，自己都不夠用來發展公司。任誰也都是給自己的留足了，然後再分給你，這也是正常的，誰讓我們的老闆們多處於起步階段了？如果老闆是王永慶或李嘉誠的兒子，有強大的實力做後盾，他或許會大度一點，但大多數的老闆處在原始累積階段，急功近利也是正常的。

　　具體如何分給員工利益，主動權在老闆，如果老闆能像蒙牛的牛根生一樣大度，那就跟定他了，打也不走。如

果是個一毛不拔的「鐵公雞」，則一定儘早離開，否則以後只會後悔。跟到好老闆的人是幸福的，生活是快樂的，工作是開心的，收入是有保障的，做為一個職業人接受這樣的老闆的「壓迫」未嘗不能說是一種幸福？

　　事實上，如果你還沒有實力打拚自己的事業，讓他人聽命於你，那就不妨接受你的老闆的「壓迫」，當然，前提是要展現出你的價值。

第六章
別讓不良的工作心態害了你

＝怨恨上司會讓自己的職場之路陷入絕境＝

有這樣一個故事說：在希臘神話故事中，有一位大力士，他的名字叫海格力斯。有一天，他走在坎坷不平的路上，看見腳邊有個像鼓起的袋子樣的東西擋了他的路，於是，他便踩了那個大袋子一腳。

可是，讓海格力斯非常吃驚的是，那個袋子發生了神奇的變化，它不但沒被海格力斯有力的一腳踩破，反而膨脹起來，並成倍成倍地增大。

這更加激怒了英雄海格力斯。他立即拿起了一根大木棒砸那個袋子，可沒想到的是，這一次，這個大袋子飛快地膨脹起來，居然膨脹到把路全部堵死了。

海格力斯非常無奈，想不到這個袋子因為他的打擊而膨脹報復了他。正在他不知道該怎麼辦的時候，一位聖者走到他跟前，對他說：「朋友，這個袋子叫作仇恨袋，如果你恨它，它會更加報復你，膨脹起來與你敵對到底。但是你不惹它，它便會小如當初。」人與人之間也是如此，「仇恨袋」開始很小，如果你忽略它，矛盾化解，它會自然消失；如果你與它過不去，加恨於它，它會加倍地報復。在職場中也是一樣，如果一個人怨恨自己的上司，得到的就是毀滅性的報復。

怨恨上司會讓自己的職場之路陷入絕境

坦白地說，員工和上司的關係沒有完全融洽的，沒有哪位員工在工作中能保證永遠不被自己的上司批評，這時，一定要有正確的態度，那就是冷靜思考，思考這樣的一個問題，那就是上司批評你的目的是什麼？是為了讓你難堪？為了讓你難受？為了讓你顏面掃地？還是為了讓工作順利推動下去，讓你不再犯同樣的錯誤？這些問題，如果你足夠的冷靜，你應該有正確的答案。很多時候，員工看到的都是工作中的細節，但是缺乏大方向上的掌握，上司要為整個公司的運營負責，站到了一定的高度。

如果員工理解了這一點，工作環節就會順暢；如果不理解，那麼至少也該知道服從，打仇恨袋，傷害的只能是自己。雅姿的工作是網頁設計，她的能力是不容置疑的，而且對待工作認真負責，還時常有令人眼前一亮的創意。但是，她卻在工作中吃了大虧，因為她和上司產生了矛盾。

事情是這樣的：雅姿為了讓網頁能將產品成功外銷到公司的新市場，費盡了心力，每到晚上她都主動加班，堅持自己的設計一定要出最好的效果，對於製作中的每一個小細節她都認真地處理。可是，距離客戶約定的時間越來越近了，上司找到了雅姿，讓她在限定時間做出來。

第六章　別讓不良的工作心態害了你

　　雅姿有自己的堅持，終於延後了幾天，在客戶不滿的時候遞交了方案。對此，上司沒有表揚雅姿的夜以繼日，而是因為工作流程的不順暢，在團隊聚會時批評了雅姿。

　　這一次的批評讓雅姿記在了心裡，一方面雅姿從此能夠準時地遞交方案了，可是另一方面，雅姿始終對老闆的批評有所抱怨，有時候在和客戶的溝通中，她就流露出不滿，對客戶講有的細節做得不夠好，是因為自己的上司根本不懂得設計，而且為了更快地接活實現利潤，上司也會讓她趕工，這樣品質就難免下降。

　　在雅姿和客戶的溝通中，她贏得了所有客戶的好評，但是她在公司很明顯地被「邊緣化」了。不知道為什麼，雅姿發現自己無論有多少客戶，無論工作多出色，她就是拿不到豐厚的獎金，也並未得到提升，公司開會時，上司對她公開怠慢，這讓她的工作環境也惡劣了起來。因為同事們都是看上司臉色行事的，於是雅姿在公司越來越被動，她終於在反思中懂得了自己失誤在哪裡。沒有一個上司不關心自己的客戶，要知道還有很多客戶本身就是上司的朋友，上司不可能不知道員工在客戶面前對自己的評價。如果記恨上司，在客戶面前損害了上司的威嚴，那麼上司的報復就會立竿見影。雅姿也非常後悔，她終於懂得了身為一個老闆，要承擔所有公司的成敗，主觀意識肯定

很強，她不該因為記恨上司，以至於毀了自己的前途。

工作中的上司和被上司的關係，就是最正確的上司和員工的關係。在公司裡，無論遇到什麼樣的事情，無論自己的上司是什麼樣的人，一定要記住一條鐵律，那就是如果一個人和自己的上司作對，即使是心理上和自己的上司不合，那麼他也一定會被趕出公司大門。

只有在心理上懂得上司是必須尊敬而不能怨恨的人，在和上司產生矛盾的時候，放下「仇恨袋」，發自內心地認可上司的權威地位，懂得上司做事的初衷並不是為了難為自己，才能更好地工作，在公司紮穩腳跟。

如果上司沒有給你想要的待遇，而你還想得到你想要的，你應該克制自己內心的不滿，無論你心裡有多少不滿，在上司面前，都要努力做出毫不介意的姿態，強迫自己用更積極的心態工作，這樣才能笑到最後。

▇ 敷衍工作就是敷衍自己 ▇▇▇▇▇▇

職場中，有很多人都很茫然，他們不知道自己上班的目的是什麼。他們過著朝九晚五的生活，在固定的時間像一個機器人一樣機械地工作，缺乏思考和創新，工作明顯帶有應付和被動的跡象，在固定的時間領取自己的薪水，

抱怨一番後，又接著上班。他們從沒有想過是否需要提升自己的工作能力，在自己的位置上創造出一番事業，因此他們總是在渾渾噩噩中茫然度日，沒有熱情，沒有歡樂，只有被動和麻木，彷彿被老闆操縱的木偶。這樣的人只是被動地敷衍工作，把工作當成一種負擔和包袱，純粹為了工作而工作，他們不可能在工作中投入自己全部的熱情和智慧。他們只是在機械地完成任務，而不是充滿自信、自動自發地工作。這樣的員工自然很難為公司的發展前途著想，往往只顧自己的利益，對工作經常是敷衍了事，而從不關心公司的前途，而這樣的人，而他們的職場之路自然也是越走越窄。張偉一畢業便在一家電子廠工作。起初，他幹勁十足，工作十分認真，由此獲得了老闆的賞識，從一個小工人做到了工廠主管。但是，慢慢地，張偉開始對工作懈怠起來，他不再像以前那樣早出晚歸地工作，也不再像以前那樣認真細緻。他開始放低對自己的要求，由於他的鬆懈，下面的員工自然也就更加放鬆了。日子就這樣一天天過去，老闆並沒有發現張偉所在工廠的問題，因為老闆對他的信任使得老闆相信張偉不會敷衍他的工作。

　　但是，接下來的一件事，將張偉的這個工作弊病徹底暴露了出來。公司接到一筆單子，老闆交給張偉去做，客

戶要求這筆單子必須在規定日期內完成。張偉心不在焉，根本沒把這個工作放到心上，下面的員工也悠悠哉哉地工作，因為沒有主管的催促，他們自然樂得敷衍。

就這樣，很快到了繳交的日期，當老闆向張偉要這批貨時，張偉頓時傻了眼，他只好求老闆寬限幾日。老闆跟客戶說盡好話，客戶最終總算答應了老闆寬限幾天。

接下來，張偉迫於無奈，再也不敢馬虎大意，他天天催促工人快點趕工，但是工人們由於日期催得很緊，工作忙不過來，只好在產品品質上做手腳，產品大多是粗製濫造，根本不合格。結果事情敗露後，客戶十分憤怒要求退回所有已交付的訂金，並且要求賠償他們的誤工費。

老闆這是才知道張偉已經不是以前那個勤奮能幹的年輕人了，他狠狠地訓斥了張偉一頓：「你自己對這批產品滿意嗎？」張偉自然不敢吭聲。老闆接著說：「你就是在敷衍工作。記住：敷衍工作首先就是敷衍自己。」

就這樣，張偉被辭退了，而且還被要求賠償相應的經濟損失。的確，敷衍公司其實就是敷衍自己。敷衍公司一方面會給公司造成損失，同時也會給自己造成損失 —— 損失了自己在事業上的前途。一個聰明的員工絕不會在多數人都偷懶、敷衍的時候隨波逐流，更絕不會向這些人學

171

習，他有自己的職業追求，他不會敷衍公司，因為他知道，敷衍公司就是敷衍自己，到頭來，對自己沒有任何好處。因此，一個聰明的員工會時刻在工作中盡職盡責，努力做好自己的本職工作，不偷懶、不敷衍；一個聰明的員工會把公司的利益放在首位，不管任何時候都不會做有損公司的事；一個聰明的員工總是維護公司的形象，做自己力所能及的事，關心公司的發展。

那麼，如果已經有了敷衍工作的毛病，又該如何克服呢？你可以從以下幾個步驟開始嘗試。

1. 認清敷衍的後果。
2. 積極地解決問題。要區分「工作」與「做了」的界線，避免「我做了」的想法，因為這個想法最容易導致敷衍。
3. 要做有益的工作，而不僅是時間和精力上的消耗。
4. 要主動地思考，設法使你目前的工作具有廣闊的發展前景。

═ 別做職場中的溫水青蛙 ═

在職場中一直流傳著「溫水煮青蛙效應」，說的是美國康乃爾大學在一次試驗中，將一隻健康的青蛙放在盛滿沸水的大鍋裡，青蛙一接觸到沸水，便立即跳了出來，這

種超強的彈跳力使得青蛙逃離了死亡的厄運。然後，測試者又將另一隻同樣健康的青蛙放入一口裝滿涼水的大鍋裡，然後開始給水加溫。隨著水溫的升高，水中的這只青蛙也明顯地感覺到了外界溫度的變化，但是由於測試者是用小火慢慢加熱的，水溫的逐步升高並沒有給這隻青蛙帶來太多不適應。但當溫度繼續升高，以至於逐步升高到足以致命時，這只青蛙拼命地想要跳出來，只是此時，牠已經沒有跳躍的能力了，自己原有的那種關鍵時刻的爆發力消失殆盡。

在職場中，和溫水中的青蛙遭遇同樣命運的人，在日復一日一成不變的工作中，對壓力已經麻木，對競爭完全察覺不到，直到有一天被炒魷魚，才警覺末日來臨。那麼，你應該如何讓自己免於這種境地呢？下面教你三招：

> **逐步接近**：很少有人能在一開始就從事自己喜歡的工作。即使你現在做的工作自己並不喜歡，一直無緣去做自己所喜愛的工作，你也不應該為了一時的不如意而放逐自己，應該嘗試著先在業餘時間裡多多接觸自己所喜愛的工作，或者做兼職，或者多參加自己所喜愛行業的聚會和交流，或者參加一些相關的培訓，又或者多關心這方面的資訊。雖然這些努力不可能在一

朝一夕就讓你看到令人喜悅的結果，但是這樣小步的靠近能避免倉促進入新行業帶來的不適和挫折感，能幫你在保證「飯碗」的同時，取得相應的經驗和知識；一旦你透過這樣的小步做好了心理準備和知識儲備，那麼，從事自己喜歡的工作就是再自然不過的事情了。

➤ **調低期望**：很多人期望值過高，而現實中卻總也不能如願。這種如影隨形的挫敗感很容易扼殺掉職業生涯的全部熱情，從而導致青蛙一樣的命運。事實上，每個人都希望自己能夠達成高目標，希望自己對任何事情都是駕輕就熟的，這樣自我價值才能被展現出來。然而，實際情況是，任何事都需要一個過程，都需要去等待才能成功。你有勇氣去挑戰自己、突破自己，這的確非常可貴，可是為什麼不能實際一點，對自己多一些寬容、肯定和耐心呢？不要逼自己去追求那種和實際情況相距甚遠的目標。「一口吃不成胖子」，人終要腳踏實地、一步一步才能走得更遠。因此，在開始的時候，對薪資、職位的要求低一點，對自己犯的錯多包容一點，適當調低自己的期望值，才能最終實現宏圖偉業。

➤ **終身成長**：科學家已經明確指出，普通人在一生中發揮出的能力只不過是其全部潛能的絕少一部分，還有絕大部分的能力有待你去開發。因此，你永遠可以比現在做得更好，只要你不斷地去開發自己的潛能、不斷地學習、終身地去成長。

對漸變環境的適應性，會使人失去戒備而招災，要防微杜漸，居安思危，才能長治久安。強敵會使人奮起反擊，甚至超常發揮戰鬥力，可怕的是在安逸的環境中，人們會放鬆警惕，散失鬥志。讓我們共同牢記，不要做「溫水中的青蛙」！

＝ 不要一味依賴靠山，比靠山更重要的是實力 ＝

職場中，如果你自己沒有能力，只靠一天到晚巴結上司苟且偷生，當你依靠的大樹倒下時，不僅飯碗難保，還會遭人恥笑。所以在職場的人士切記：能力強於靠山。

如果你的上司、你的老闆，只是因為你的阿諛奉承、拍馬逢迎而賞識你，那他就註定不是一個好上司、好老闆。跟著這樣的人，你將來的日子也好不到哪裡去。

很多人認為：在職場生存，就要懂得奉承拍馬，做得好做得壞不重要，重要的是深得主管的信任，找到一個好

靠山，這樣就不怕飯碗保不住，日子不好過了。

　　的確，很多人這樣做也短暫地成功過，他們依附在某個主管身上，做主管身邊的忠誠走卒，在公司裡「吃香的，喝辣的」，混得很不錯。有些人甚至還爬上了主管的崗位，反過來管理那些辛勤工作的人。

　　「存在的就是合理的。」我們不否認這些人的這種「活法」也不錯。他們如此做也許是經過深思熟慮的：自己的資質平平，工作能力一般，不找個靠山，這日子還怎麼過？

　　這種人可能在短暫的時間內活得滋潤自在，但他的靠山一旦倒臺，他的一切醜行陋習就會成為眾矢之的。不僅在本公司本企業待不下去了，就算重新跳槽找別的公司，也會成為千夫所指。

　　同時，從個人角度講，你現在一天到晚巴結主管，說好聽點是與主管走得很近，說難聽點是整天對主管搖尾乞憐，這樣做人哪裡還有尊嚴？

　　再說了，你的主管是這樣一個人，他恐怕也不是憑著自己的能力走上主管崗位的，他也不會是一個好主管，你跟了他不會有什麼出息，以後的日子也不會好過。

　　有一個年輕人，畢業之後把所有的精力都用在巴結主

管上，整天有事沒事都跟著主管跑，自己的業務卻一塌糊塗。因為跟主管靠得近，身為他「靠山」的那個主管也的確想提拔他，甚至已經到了內定的份上了。可消息傳出後，下面的人不答應，因為各行各業競爭都異常激烈，換上個業務能力很低只會巴結主管的幹部，會直接影響員工的利益，甚至難保他們不離開公司。由於員工的強烈反對，主管只好採取「捨車保帥」的方法，提拔的事只好作罷。年輕人的如意算盤打錯了，人生的希望破滅了。後來，那位年輕人終於在一次醉酒後對著主管大罵：「他媽的！這幾年我像條狗一樣跟著你，像條狗那樣忠誠你，到頭來你他媽的把我給甩了。」

這就是巴結主管的最終下場，這也是「找個大樹好乘涼」的最好結果。

當然，我們並不反對與主管多溝通，我們也鼓勵員工在工作上和主管、老闆走得近些。所謂「近水樓臺先得月」，你與主管走得近，主管對你的業務能力、你的為人、你的能力等等都會有一個更深入的了解，這樣你升職的機會就更多。這當然是好事。只是，我們與主管走得近，不一定非要像一隻搖尾乞憐的狗，而應該做一個堂堂正正的人。

所以我們強調，把你的精力放在工作上，只要工作做出成績，比你費盡心機地找個靠山要強得多。儘管我們在工作中難免會遇到刁難你的主管，但那畢竟是少數，大多數主管還是根據你的工作成績去評價你的。而且，就算有人專門給你刁難，但如果你工作做得好，他也拿你沒辦法。

═ 千萬不要看不起自己的工作 ═══════

　　某位名人曾說過：「無論從事什麼工作，只要你不輕視它，認真去實踐它，你就可以超越別人。這不僅讓你與眾不同，也會為你的成工鋪平一條道路。」

　　工作本來沒有高低貴賤的差別，只是人們人為地加入了主觀色彩，用一種偏激的態度去看待不同的工作，於是就有了所謂的好工作、壞工作之分，或者是體面的工作和不體面的工作之別。多數人都認為薪水豐厚的工作就是好工作，公務員的工作就是體面的工作，而低薪水的服務性質的工作，則不算好工作，甚至是很丟人的！

　　那些看不起自己工作的人，往往是一些被動適應生活的人，他們只知道抱怨、發洩情緒而沒想過從困境中崛起，努力改善自己的生存環境，變卑微為偉大。對於他們

來說，體面、穩定的工作才是他們真正的追求；他們看不起商業和服務業，不喜歡體力勞動，自認為應該活得更加輕鬆，工作時間更自由。他們總是自命清高地認為自己在某些方面有優勢，應該有一個更好的職位，應該有更廣闊的前途，雖然事實並非如此。

如果一個人輕視自己的工作，而且做得很粗陋，將它當成低賤的事情去做，那麼他就是不尊重自己，當然也不會獲得別人的尊重。因為看不起自己的工作，所以備受工作艱辛、煩悶的困擾，工作自然也不會做好，這一工作也就無法發揮他內在的特長。

在社會上，有許多人不尊重自己的工作，不把自己的工作看成鍛鍊自身能力、創造事業的要素和發展人格的工具，而視之為衣食住行的供給者，認為工作是生活的代價、是不可避免的勞碌，一些人甚至將工作當成一種苦役，有了這一錯誤觀念，他怎麼會有成就呢？

一個人切不可不尊重自己的勞動，輕視自己的工作。如果認為所從事勞動是卑賤的，後果將相當可怕。就在羅馬帝國不可一世之際，羅馬一位著名演說家說：「所有手工勞動都是卑賤的職業。」不久，羅馬帝國就被日爾曼人滅亡了，地中海的輝煌也就成了過眼雲煙。

第六章　別讓不良的工作心態害了你

今天，同樣有許多人認為自己所從事的工作是低人一等的，他們無法認知到自己工作的價值所在，只是為生計所迫才從事工作。他們輕視自己的工作，自然無法投入全部身心。他們在工作中一貫敷衍塞責、得過且過，而將大部分心思用在如何擺脫現在的工作環境上。這種人註定將是一事無成的，在任何地方都不會有所作為。

無論從事什麼樣的工作，都要有一個虔誠敬業的態度。看一個人是否能做好事情，只要看他對待工作的態度就可以了。一個人的工作態度，與他本人的性情、才能有著密切的關係。所以，了解一個人的工作態度，在某種程度上就了解了那個人的人品。無論你是貴為君主還是身為平民，無論你是男還是女，都不應輕視自己的工作。如果你認為自己的工作是卑賤的，那麼你永遠也不會從自己的工作實踐中學到經驗和技能，永遠也不會獲得事業成功。

某些工作也許看起來並不高雅，工作環境也很差，無法得到社會的承認，但是，請不要漠視這樣一個事實：有用才是真正的尺度。在許多年輕人看來，公務員、銀行職員或者大公司管理人員才稱得上是紳士，他們甚至願意等待漫長的時間去謀求一個公務員的職位。但是，花同樣的時間他完全可以透過自身的努力，在現實的工作中找到自

己的位置，發現自己的價值。

像多數美國年輕人一樣，阿爾伯特‧哈伯德（Elbert Hubbard）在青少年時期和大學時代做過許多工作：修理過自行車、賣過詞典、當過家教、書店收銀員、出納。大學期間，為了換取學費，阿爾伯特‧哈伯德還給別人打掃過院子，整理過房間和船艙。

由於這些工作都平凡，阿爾伯特‧哈伯德也曾認為它們都是下賤而廉價的，但事實上，正是這些工作在無形中給了他不少啟示。慢慢地他發現自己的想法完全錯了，這些工作默默地給了他許多珍貴的教誨，每一件工作都能從中學到了不少有價值的經驗。

比如在商店工作時，有一次，他完成了老闆給他布置的任務 —— 把顧客的購物款記錄下來。當他與同事們開始閒聊時，老闆走了過來，掃了一下周圍，然後示意阿爾伯特‧哈伯德跟他走。接下來這位老闆先是一言不發地把那些已訂出的貨整理好，接著又清空了櫃臺和購物車。

這件事徹底改變了阿爾伯特‧哈伯德的觀念。它讓阿爾伯特‧哈伯德明白了不僅要做好自己的本職工作，還應該再多做一點，哪怕老闆沒要求你這麼做。他開始覺得低俗的工作也有趣起來，於是更努力地工作而變得更優秀。

上大學後他離開了那家商店，但在那裡學到的東西影響了他一生。

如今，阿爾伯特‧哈伯德已經成了一位成功的管理者，但他依舊像以前那樣去發現那些需要做的工作——哪怕那不是自己的工作。他由原來的旁觀者變成一個認真負責的人。

那些看不起自己工作的人，實際上是人生的懦夫。與輕鬆體面的工作相比，商業和服務業需要付出更加艱辛的勞動，需要更實際的能力。當人們害怕接受挑戰時，總會找出種種藉口去逃避，久而久之驕奢淫逸的生活習氣占了上風，再不可能在事業上有所突破了。

我們每個人通常都花生命中三分之一的時間在工作上，我們實在應該為自己選擇一份適合自己的工作。有時，我們會覺得自己找錯了工作，在這種情形下，不一定非得大驚小怪不可。但是，如果你連續換過若干工作都以不合適而辭掉，前途也變得撲朔迷離時，你就應該警惕了！出現這樣的情況，你就應從自身找原因，自我解剖捫心自問一下了！

每一件工作都獨具韻味，對人生都有著十分深刻的意義。如果你是一個磚石工或泥瓦匠，可曾在磚塊和砂漿之

中看出詩意？如果是圖書管理員，你經過辛勤勞動，在整理書籍的縫隙，是否感覺到自己正一天天取得進步？身為學校的老師，你是否對按部就班的教學工作感到厭倦？或許一見到自己的學生，你就變得非常有耐心，所有的煩惱都拋到了九霄雲外了。

假如僅僅用他人的眼光來看待自己的工作，或者僅用世俗的標準來衡量自己的工作，工作也許是毫無生氣、單調乏味、沒有任何吸引力和價值可言的。這就好比從外面觀察一個大教堂的窗戶，窗戶上布滿了灰塵，非常灰暗，光華已逝，只剩下單調和破敗的感覺。但是，一旦跨過門檻，走進教堂，立刻可以看見絢爛的色彩、清晰的線條。陽光穿過窗戶奔騰跳躍，形成了一幅幅美麗的圖畫。

當前很多員工對自己的工作產生了動搖，繼續留在原來的職位還是跳槽，這是一個艱難的決定。當你決定要離開這家公司時，不妨先轉變一下心情，以一種全新的視角重新觀察公司、工作和老闆，或許，你的離職念頭就會因此放棄。只有在意欲走人時，你才會猛然感覺到，公司遠非你想像的那樣前景不堪，老闆也不像你想像的那樣苛刻，你在公司裡還有相當的升遷空間。

身在福中不知福，此山望著那山高。大多數人總是抱

第六章　別讓不良的工作心態害了你

著「下一份工作會更好」的心態，一旦工作中遭遇挫折，閃現出來的第一個念頭就是另謀高就。但是如果不找出問題的癥結所在，僅離開公司其實是無濟於事的。

比爾蓋茲對他的員工們說：「離職之前一定要仔細考慮，要善於自我反省，適當調整工作態度，重新認知自我，這是解決問題的可行之道。」

在實際生活中，許多人只是盲目跳槽，他們從不反省自己，只盯著新工作、新公司、新老闆的所謂優點。這種人總是以一種想當然的心態面對問題，總以為可以透過工作環境的轉變而解決問題。他的工作目標往往不清晰，但期望值卻很高，然而隨之的失望也高。失望越大，對周圍的環境或人的不滿意就越多，從而惡化情緒，工作也失去了熱情和動力，最終在公司裡待不下去，不得不再找工作。

由此，可以得出這樣的啟示：人們看待問題的方法是有局限的，必須從內部去觀察用心去體會才能發現事物真正的本質。有些工作只從表象看，也許索然無味，只有深入其中，才可能認知到其意義所在。因此，無論幸運與否，每個人都必須從工作本身去理解工作，將它看作是人生的權利和榮耀 —— 只有這樣，才能保持恆久的熱情。

　　所有正當合法的工作都是值得尊敬的。只要你誠實地勞動和創造，沒有人能夠貶低你的價值，關鍵在於你如何看待自己的工作。那些只知道要求高薪，卻不知道自己應承擔責任的人，無論對自己，還是對老闆，都是毫無價值可言的。

═ 別只為薪水而工作 ═

　　儘管現實中，每個人都會選擇薪水比較多的工作，而不選擇一樣適合自己，但薪水相對比較低的工作。他們中的很多人是為了薪水而工作，並不是為了別的。如果出現公司中只有他一個人的薪水是最低的時候，他會毫不猶豫選擇辭職，當然態度也肯定是憤憤不平的。

　　在他們的眼中，薪水是自己身價的標籤，絕不能低於別人。他們的「理想遠大」，剛出校門就希望自己成為年薪破百萬元的總經理：剛創業，就期待自己能像比爾蓋茲一樣富可敵國，他們只知道向老闆索取高額薪酬，卻不知自己能做些什麼，更不懂得從小事做起，實實在在地前進。

　　只為薪水而工作讓很多人缺乏更高的目標和更強勁的動力，也讓職場上出現了幾種不正常的現象：

➤ **應付工作**：他們認為公司付給自己的薪水太微薄，他們有權以敷衍塞責來報復。他們工作時缺乏熱情，以應付的態度對待一切，能偷懶就偷懶，能逃避就逃避，以此來表示對老闆的抱怨。他們工作僅僅是為了對得起這份薪水，而從來沒想過這會與自己的前途有何連繫，老闆會有什麼想法。

➤ **到處兼職**：為了補償心理的不滿足，他們到處兼職，一人身兼二職、三職，甚至數職，多種角度不停地轉換，長期處於疲勞狀態，工作不出色，能力也無法提高，最終謀生的路越走越窄。

➤ **時刻準備跳槽**：他們抱有這樣的想法：現在的工作只是跳板，時刻準備著跳到薪水更好的公司。但事實上，很大一部分人不但沒有越跳越高，反而因為頻繁地換工作，公司因怕洩露機密等原因，不敢對他們委以重任。由於他們過於熱衷「跳槽」，對工作三心二意，很容易失去上司的信任。

所以，一個人若只是專為薪水而工作，把工作當成解決麵包問題的一種手段，而缺乏更高遠的目光，最終受欺騙的可能就是你自己。在斤斤計較薪水的同時，失去了寶貴的經驗，難得的訓練，能力的提高。而這一切較之金錢

更有價值。

而且相信誰都清楚，在公司提升員工的標準中，員工的能力及其所做出的努力，占很大的比例。沒有一個老闆不願意得到一個能幹的員工。只要你是一位努力盡職的員工，總會有提升的一日。

所以，你永遠不要驚異某個薪水微薄的同事，忽然提升到重要位置。若說其中有奇妙，那就是他們在開始工作的時候——得到的與你相同，甚至比你還少的微薄薪水的時候，付出了比你多一倍，甚至幾倍的切實的努力，正所謂「不計報酬，報酬更多」。

假如你想成功，對於自己的工作，最起碼應該這樣想：投入業界，我是為了生活，更是為了自己的未來而工作。薪金的多與少永遠不是我工作的終極目標，對我來說，那只是一個極微小的問題。我所看重的是，我可以因工作獲得大量知識和經驗，以及踏進成功者行列的各種機會，這才是有極大價值的酬報。

事實證明，如果你不計報酬、任勞任怨、努力工作，付出遠比你獲得的報酬更多、更好，那麼，你不僅表現了你樂於提供服務的美德，還因此發展了一種不同尋常的技巧和能力，這將使你擺脫任何不利的職場環境，無往而不勝。

第六章　別讓不良的工作心態害了你

═ 戒驕戒躁，工作要腳踏實地 ═══════

有一位年輕人，學的是法律，卻熱衷於影視表演，經常夢想著自己登上銀幕，成為眾人追捧的大明星。可是，朋友們從沒有見他試著進入影視圈。

於是有人問他：「為什麼你不去試試看呢？」

他說：「我不願和那些初出茅廬的小孩子競爭。我已經快 30 歲了，即使考進去，也不過是做個小小的配角，沒什麼意思。我要等有大公司找一部影片的主角，並且符合我的性格和戲路，我一去就會被錄取，那才可以一鳴驚人。」

可是，世界上有幾個這樣幸運的人？結果，歲月蹉跎，年華老去，而這個年輕人的願望仍只是個願望。

由此可見，只是對願望焦急慨嘆是沒有用的。要想實現願望，唯一的捷徑就是踏踏實實的做事，擺脫浮躁的情緒，認真對待每一次機會。

金‧羅登貝瑞（Gene Roddenberry）一直夢想拍一部關於到太空旅行的科幻片。可是，他的這一想法沒能得到電視臺的支持，電視臺的人認為金的想法過於離奇，不會得到觀眾的認可。在這種情況下，金沒有放棄，他始終堅

定地認為高品質的科幻片會受到美國電視觀眾的歡迎。如今，距離他的《星艦迷航記》首播已有 30 多年了，這部片子已經成為美國文化的一部分，劇中的不少臺詞也成為我們的日常用語。《星艦迷航記》是電視網最受歡迎的節目。

雖然吉姆·亞伯特（Jim Abbott）生理上有缺陷，但他沒有因此養成浮躁的性格。1992 年，他成為美國歷史上第一位入選一流棒球隊的獨臂投球手。1993 年，他以優秀投球手的身分，加盟紐約洋基隊。

雪麗·傑茜·拉斐爾（Shirley Jessy Raphael）曾是美國家喻戶曉的喜劇明星。從很早開始，她就知道自己具備喜劇天賦，善於言辭、才思敏捷，她也確信這些天賦遲早會令她大展風采。儘管如此，在正式進入娛樂圈之前，她至少被電視臺、廣播電臺拒聘過 18 次。但她並沒有浮躁，也沒有放棄，以至後來她超越了笑星伯尼，成為當時無可替代的喜劇明星。

無論你是當演員、創作電視片、打棒球，還是創建自己的樂隊或當喜劇明星，都不要緊。要緊的是，你在為自己定下成功的目標後要開始行動，鍥而不捨，切忌讓浮躁的性格困擾你。

年輕人充滿夢想是好事，但必須明白，夢想只有在腳

踏實地的工作中才能得以實現。許多浮躁的人都曾經有過很多夢想，卻始終無法實現，最後只剩下牢騷和抱怨，而他們把這歸結於缺少機會。

踏實的員工在平凡的工作中創造了機會，抓住了機會，實現了自己的夢想；而眼光不願留意手中工作的人，在等待機會的過程中，度過了並不愉快的一生。

在職的每一天，都要踏踏實實、盡心盡力地工作，每一件小事情，都要力爭高效地完成。嘗試著超越自己，努力做一些分外的事情，不是為了看到老闆的笑臉，而是為了自身的不斷進步。即使是在同一個公司或同一個職位上，機遇沒有光臨，但你一直為機會來臨做準備，你的能力已經得到了擴展和加強。實際上，你已經為未來創造了一個機遇。

戒驕戒躁，工作要腳踏實地

電子書購買

國家圖書館出版品預行編目資料

老闆，好想做二休五！缺乏責任心、領多少錢
做多少事、壓力大就辭一辭……別再覺得「我
就爛」，你爛的是心態不是能耐！/ 殷仲桓，
楊林著 . — 第一版 . — 臺北市：財經錢線文化
事業有限公司 , 2023.03
面；　公分
POD 版
ISBN 978-957-680-607-0(平裝)
1.CST: 職場成功法 2.CST: 工作心理學
494.35　　112002036

老闆，好想做二休五！缺乏責任心、領多少錢做多少事、壓力大就辭一辭……別再覺得「我就爛」，你爛的是心態不是能耐！

臉書

作　　　者：殷仲桓，楊林
發 行 人：黃振庭
出 版 者：財經錢線文化事業有限公司
發 行 者：財經錢線文化事業有限公司
E - m a i l：sonbookservice@gmail.com
粉 絲 頁：https://www.facebook.com/sonbookss/
網　　　址：https://sonbook.net/
地　　　址：台北市中正區重慶南路一段六十一號八樓 815 室
Rm. 815, 8F., No.61, Sec. 1, Chongqing S. Rd., Zhongzheng Dist., Taipei City 100, Taiwan
電　　　話：(02) 2370-3310　　傳　　　真：(02) 2388-1990
印　　　刷：京峯彩色印刷有限公司（京峰數位）
律師顧問：廣華律師事務所 張珮琦律師

定　　　價：299 元
發行日期：2023 年 03 月第一版
◎本書以 POD 印製